技术团队高效管理丛书

技术团队管理者的
第一堂管理课

王海东◎著

人 民 邮 电 出 版 社
北 京

图书在版编目（CIP）数据

技术团队管理者的第一堂管理课 / 王海东著. -- 北京 : 人民邮电出版社, 2021.3(2023.5重印)
（技术团队高效管理丛书）
ISBN 978-7-115-55196-2

Ⅰ. ①技… Ⅱ. ①王… Ⅲ. ①专业技术人员—组织管理学 Ⅳ. ①G316

中国版本图书馆CIP数据核字(2020)第213178号

内容提要

本书主要从技术团队管理者如何带人、做事、建体系 3 个维度出发，系统地对团队建设、人才管理、文化塑造、项目管理、效率管理、绩效管理、流程建设、规范管理这 8 个模块进行了介绍，这 8 个模块的内容相互独立，读者可按照章节的顺序阅读，也可随机选择感兴趣的内容阅读。

本书适合计划转型做技术团队管理的技术人员或刚转型不久的技术团队管理者阅读。本书没有晦涩难懂的理论体系，也没有复杂深奥的抽象概念，而是从技术团队管理者的实际工作场景入手，帮助技术人顺利地过渡成管理者。技术团队管理者可以直接将书中介绍的方法应用到团队管理中，解决技术团队管理过程中遇到的问题。

◆ 著　　　王海东
　责任编辑　杨海玲
　责任印制　王　郁　焦志炜

◆ 人民邮电出版社出版发行　　北京市丰台区成寿寺路 11 号
　邮编　100164　　电子邮件　315@ptpress.com.cn
　网址　https://www.ptpress.com.cn
　北京盛通印刷股份有限公司印刷

◆ 开本：720×960　1/16
　印张：12.75　　　　　　2021 年 3 月第 1 版
　字数：193 千字　　　　　2023 年 5 月北京第 6 次印刷

定价：59.00 元

读者服务热线：(010)81055410　印装质量热线：(010)81055316
反盗版热线：(010)81055315
广告经营许可证：京东市监广登字 20170147 号

积淀青春，扬帆再起航

程序员似乎是吃青春饭的，其黄金时期是20岁到35岁。到了35岁左右就会倍感压力：首先要面对软件行业的飞速发展，许多以前学的东西可能升级甚至淘汰；其次，随着年轻程序员的涌入，自己所处的地位岌岌可危，很可能“长江后浪推前浪，前浪被拍死在沙滩上”；更重要的是，“上有老下有小，还要背负房贷、车贷的压力”——这就是“程序员的35岁职业魔咒”！

35岁是一道坎，而海东本人也正值这个年龄，他撰写这本书貌似就是为了打破魔咒，标志着他成功转为技术团队管理者。不过，以我对他的了解，这并不完全是他的初衷。海东首先是一名优秀的程序员，这些年他一直在带团队，做技术团队管理，开发了许多互联网项目。溯本求源，这本书应是从中获得的实战经验的总结，是水到渠成的成果，而这些恰巧成了破除魔咒的示范。

我也是程序员出身，做过Java、.NET项目开发，同时翻译过《Java经典实例》《.NET本质论 第1卷：公共语言运行库》等书。在继续“走技术线还是技术团队管理线”的问题上，我选择了技术团队管理。差不多在我35岁时，我翻译了《敏捷迭代开发：管理者指南》，书中列举了统一过程、极限编程、水晶、Scrum、动态软件开发方法（Dynamic Software Development Method，DSDM）、特征驱动开发（Feature Driven Development，FDD）、自适应软件开发（Adaptive Software Development，ASD）以及精益开发等开发方法，这些方法让当时做技术管理的我眼前一亮。软件开发复杂而多变，尤其是客户的需求难以把握，开发管理变得作茧自缚，“剪不断，理还乱”。而敏捷开发则以用户的需求变化为核心，采用迭代、循序渐进的方法进行软件开发，大大提升了开发效率以及客户满意度。我就是敏捷开发的受益者，也顺理成章地成为其布道者。

这次，本书再次让我眼前一亮。因为软件开发不是靠独行侠、个人英雄主义就可以完成的，需要工程化，需要团队协同作战。事实上，人才是软件开发的核心。《人月神话》就提出：人月是危险和带有欺骗性的神话，因为它暗示人员数量和时间可以互相替换。只有精良高效的技术团队，才是完成项目的根本保障。

如何打造高效的技术团队？一般意义的团队管理，包括目标设定、流程打造、绩效考核、激励措施等。技术团队管理有一定的特殊性：技术团队更像一支足球队，需要训练与磨合，不断成长；技术团队管理者要立足于技术常识，要有创新管理、知识管理和不确定性与风险管理；技术团队管理者要有一定的专业基础和技术敏感度，这依赖于其作为程序员在其“黄金期”打下的坚实技术基础；当然，要从程序员转型为技术团队管理者，本身就是一个跨越式的跃迁，取决于管理者自身的修炼与外界的机遇。海东酷爱阅读，还热衷于组织读书会，具有很强的沟通能力。正如乔布斯的经典名言“好学若饥，谦卑若愚”（Stay hungry，Stay foolish），只有好学才不会给自己的人生设限。转型首先是认知与思维的转变，然后是实践、复盘、再实践。如果想快捷转型为技术团队管理者，本书算得上是“武林秘籍”了。

我其实不喜欢“码农”这个词，程序员的境界比这要高许多。只要想起自己曾经满怀惊奇、兴奋与真诚敲下的那个程序——“Hello，World!”，我们就会充满了渴望和力量，因为程序员最初的梦想就是改变世界。程序员不能只局限于编码（事实上，编码只占软件开发的一部分），也就是说，不能让现实的苟且剥夺了诗和远方。

比尔·盖茨和史蒂夫·乔布斯都是技术人员出身，他们创造了一个新的世界。事实上，程序员有一个天然的优势，就是其不停修炼的编程思维。编程思维是一种创新思维，它包含了逻辑、框架和拆解等思维模式。我也注意到，海东的技术团队管理策略自觉或不自觉地受到了编程思维的影响。本书就好比定义了一个技术团队管理框架，其中团队建设、人才管理、文化塑造、项目管理、效率管理、绩效管理、流程建设和规范管理等相当于管理模式，而输出则是精良的技术团队。

最后，我想说“程序员的35岁职业魔咒”是程序员人生第二成长曲线的破局点。海东的这本书提供的思维框架和实践方法，或许能帮你跨越鸿沟，重启提升引擎！我特别建议程序员聆听音乐，欣赏名画，多一些艺术修养。我觉得程序员出身的管理者，更应该像一个乐队的指挥，开发出的不仅是软件，还是艺术品！

北京魔笛创新科技发展有限公司董事总经理
中国科技咨询协会创业导师

前言

我猜每个技术人员转做管理时都会有下面的疑惑，我也经常被别人咨询这些问题：做了很多年的技术到底要不要转管理，转做管理有前途吗？转做管理后到底怎么带团队？

其实，从技术人到管理者是一个很自然的转变，我们要顺势而为，不要刻意逃避转型管理，否则可能付出很多却发展平平。只要找到管理的工具和方法，管理技术团队并没有想象的那么难。

提到技术团队管理，我们首先想到的就是管人，但我想说的是，比起管人，更重要的是带人，带出一支理念相同、目标一致、有凝聚力的团队。

那如何才能带出这样的团队呢？很多人觉得可能需要极强的领导力，要会讲故事，还得能激励人，更要高瞻远瞩吧？

或许这些并不重要！

其实技术团队管理者不必会演讲，从技术人转型的管理者，大多做的比说的多；也不必懂得激励人，程序员大多自我驱动，团队伙伴之间朝夕相处，也都清楚彼此的习惯和秉性；更不用有管理相关的专业背景，大多数技术团队管理者是计算机相关专业科班出身，且技术团队的管理对技术有强依赖；甚至不需要高情商，技术人员通常直来直去，毫无掩饰，不用和他们兜圈子。

能带好团队的管理者其实靠的都是系统的管理方法——能清晰规划团队的目标，有效地管理团队的每一个执行环节。有了系统的管理方法，一个刚转岗的技术人员就能赶走带队恐惧，顺利从技术人员过渡到管理者，打造出一支高效的团队。

长期以来，我试图寻找一套现有的、适合大多数技术团队管理者快速落地实操的团队管理方法，但始终未能如愿。带队这些年，我将自己亲身实践的经验和方法归纳总结，并查询了大量资料，总算总结出这套一学就会的技术团队管理方法，提炼成本书带人、做事、建体系的3大维度的内容。

技术团队管理者的核心工作是带人、做事、建体系。人带不好，事就做不成，而带人高效地做事，终极解决方案则是建立规范化的流程体系。本书按照从带人到做事，再到建体系的顺序进行介绍，将技术团队管理者的核心工作从这3个维度拆解成8个模块。图1是这3个维度和8个模块的框架图。第一个维度是带人，分别用团队建设、人才管理和文化塑造这3章进行描述，揭示技术团队管理者带好人必须要有度量，能成就他人；第二个维度是做事，分别用项目管理和效率管理这2章进行描述，展示做事的核心要讲求方法，注重效率；第三个维度是建体系，分别用绩效管理、流程建设和规范管理这3章进行描述，它的核心是控制和公开透明。这3个维度可以有效地帮助技术团队管理者从0到1打造出一支强大的团队。本书每章都有相应的工具或方法，技术团队管理者遇到管理问题时，试着对号入座，就能找到对应的解决方法。有了这些方法，转型中的技术团队管理者将告别迷茫与烦恼。

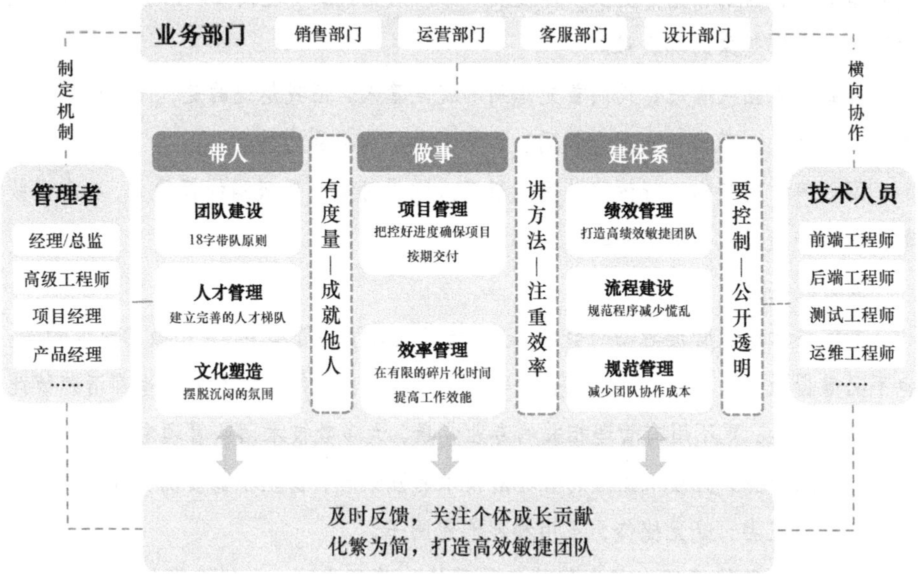

图1　技术团队管理框架

我们来看一下这8个模块的主要内容。

- **团队建设**：这一章的核心是"管人"，主要从新官上任、角色认知、带队原则这几个方面介绍团队建设的一些基本"管人"方法。当技术骨干被提拔成为管理者时，职位的变化会带来工作内容的彻底转变，这种转变会引起很多困惑和问题。阅读这一章后，新上任的技术团队管理者就能找到正确的处理方法，以及同类情况下的一整套团队建设的高效方法。

- **人才管理**：这一章的核心是“识人”，主要从招聘、解雇和培养这几个方面讲解人才管理方法。首先，帮助技术团队管理者建立完善的招聘体系，提高选人效率；其次，为技术团队管理者解雇下属提供详细的自检清单，提高决策效率；最后，教会技术团队管理者一套快速提升团队学习效率的工具。阅读这一章后，技术团队管理者将能更好地选拔和驾驭人才。
- **文化塑造**：这一章的核心是“渡人”，通过塑造积极高效的团队文化，让一群人成长；介绍团队文化构建的几个关键要素，即坦诚、构建学习型组织、复盘、访谈、坦然面对失败、接受不同意见。阅读这一章后，技术团队管理者将知道如何把一个死气沉沉的团队变得有激情活力和乐学分享。
- **项目管理**：这一章的核心是介绍如何“系统做事”，主要讲述项目启动、需求管理、进度管理、风险管理和质量管理这 5 部分内容。项目管理工作是一项复杂、多元且需要高度协作的工作，好的管理是项目成功的关键。阅读这一章后，你会明白项目管理不需全凭运气，而是依靠一套系统高效的方法。
- **效率管理**：这一章的核心是介绍如何“高效做事”，本章从技术团队管理者的时间、学习、工作、技术与业务、向上汇报、横向协作、向下识人、岗位胜任力这几个方面阐述如何提高工作效率。如果忽视工作效率，即使勤奋努力，也往往事倍功半。阅读这一章后，技术团队管理者会知道提高工作和学习效率需要掌握哪些技能，而这些技能完全可以后天习得。
- **绩效管理**：这一章介绍“考核体系”的搭建，主要对传统绩效考核进行分析，提出一套全新的互联网团队绩效管理的方法。阅读这一章后，技术团队管理者将能搭建一套开放透明且能及时反馈的绩效体系。
- **流程建设**：这一章介绍“流程体系”的搭建，主要讲述互联网公司流程建设的作用、困境和步骤，并举例说明技术团队的 4 个基本流程，包括产品开发流程、产品测试流程、用例评审流程和运维巡检流程。每个流程都可以直接应用到技术团队的管理中，以提高工作效率，让团队职责更加清晰。

- **规范管理**：这一章介绍“规范体系”的搭建。阅读这一章后，技术团队管理者会知道如何用规范的标准动作影响团队的执行结果，以及如何以执行中的及时反馈作为动力推动团队前行，最终固化成团队的执行习惯。

现在就让我陪你一起，从“技术人”的角色出发，放下恐惧和包袱，踏实坚定地成为技术团队的“管理者”。

王海东

2020 年 12 月

致谢

2019 年 5 月的一个下午，我发现自己在一线带团队已有十个年头，突然冒出一个想写一本关于自己这些年带队实践的图书的想法。这个之前从未有过的想法，一瞬间让我如同被电击一般。从有想法到成书，中间有太多的艰难，在这里我要感谢我的朋友和家人，在我写书的过程中他们给了我太多的帮助。

首先感谢张晓坤老师，他曾经是中央民族大学计算机系的教师，微软认证讲师（MCT），翻译过 10 多本 IT 图书（如《敏捷迭代开发》《Java 经典实例》等），后在儿童教育项目上创业，也非常成功。是他不断鼓励我出版本书，并帮我联系出版社，让我更加坚定写完本书的信念。

感谢本书的责任编辑杨海玲，非常高兴能和这么优秀的人合作，是她不断指导我完善和打磨书中的不足之处，本书才能这么快问世。这本书耗费了她很多的精力，她让我感叹编辑的责任与专业。

感谢我的好兄弟胡晨宇，他是做内容和营销的牛人，最擅长提炼爆款文章公式，做过很多优秀的案例，在他身上我学到了很多写作的方法，帮助我不断优化本书内容。

感谢技术团队的伙伴们，这本书中的很多方法都是与团队伙伴们一同实践和总结的。感谢团队伙伴们一路对我的信任和支持，让我的工作充满动力。

感谢我的妻子和可爱的儿子。写书很不容易，在写这本书的整整 10 个月时间里，周末我从没休息过，晚上也会写到很晚。儿子 5 岁，正是需要陪伴的时候，我却很少陪伴他。感谢他们在我最忙碌的日子里的鼓励和付出，愿家人永远快乐健康。

感谢每一位读者，是你们让我在写作的路上更有动力。欢迎加我好友，分享你的读书收获和带队经验，让我们共同学习成长。

资源与支持

本书由异步社区（https://www.epubit.com/）出品，社区为您提供相关资源和后续服务。

提交勘误

作者和编辑尽最大努力来确保书中内容的准确性，但难免会存在疏漏。欢迎您将发现的问题反馈给我们，帮助我们提升图书的质量。

当您发现错误时，请登录异步社区，按书名搜索，进入本书页面，单击“提交勘误”，输入勘误信息，单击“提交”按钮即可。本书的作者和编辑会对您提交的勘误进行审核，确认并接受后，您将获赠异步社区的100积分。积分可用于在异步社区兑换优惠券、样书或奖品。

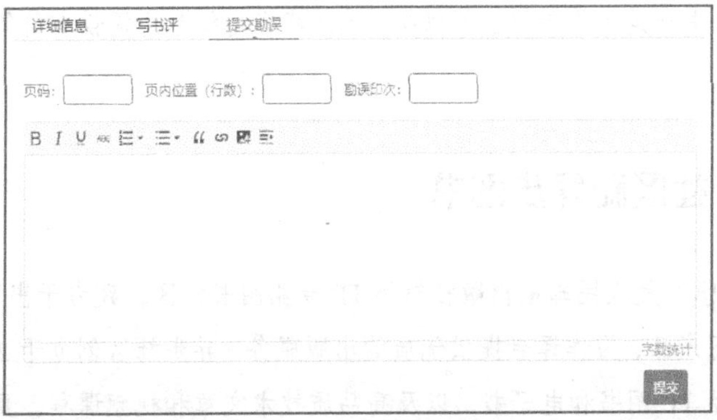

扫码关注本书

扫描下方的二维码，您将会在异步社区微信服务号中看到本书信息及相关的服务提示。

与我们联系

我们的联系邮箱是 contact@epubit.com.cn。

如果您对本书有任何疑问或建议，请您发邮件给我们，并请在邮件标题中注明本书书名，以便我们更高效地做出反馈。

如果您有兴趣出版图书、录制教学视频，或者参与图书翻译、技术审校等工作，可以发邮件给我们；有意出版图书的作者也可以到异步社区在线投稿（直接访问 www.epubit.com/selfpublish/submission 即可）。

如果您来自学校、培训机构或企业，想批量购买本书或异步社区出版的其他图书，也可以发邮件给我们。

如果您在网上发现有针对异步社区出品图书的各种形式的盗版行为，包括对图书全部或部分内容的非授权传播，请您将怀疑有侵权行为的链接通过邮件发送给我们。您的这一举动是对作者权益的保护，也是我们持续为您提供有价值的内容的动力之源。

关于异步社区和异步图书

“异步社区”是人民邮电出版社旗下 IT 专业图书社区，致力于出版精品 IT 图书和相关学习产品，为作译者提供优质的出版服务。异步社区创办于 2015 年 8 月，提供大量精品 IT 图书和电子书，以及高品质技术文章和视频课程。更多详情请访问异步社区官网 https://www.epubit.com。

“异步图书”是由异步社区编辑团队策划出版的精品IT专业图书的品牌，依托于人民邮电出版社近40年的计算机图书出版积累和专业编辑团队，相关图书在封面上印有异步图书的LOGO。异步图书的出版领域包括软件开发、大数据、AI、测试、前端、网络技术等。

异步社区

微信服务号

目录

第 1 章 团队建设

新上任的技术团队管理者往往有“三把火”，但结果多数是“惹火上身”。新官上任如何才能在短期内获得优秀的业绩，站稳脚跟，务实地做到统领全局，整体规划，分步实施呢？

技术人员能搞定很难的技术，但并不一定能搞定管理，职位的变化意味着工作内容的彻底转变，这种转变需要快速了解清楚工作职责，那么技术团队管理者的职责具体有哪些呢？

一般而言，技术人员往往是一群性格高傲、不善交流沟通、遇到问题爱独立思考、有死磕精神且热爱钻研技术的人，带领这样一群人，怎样才能摆脱一管就死、一放就乱的局面呢？

我在互联网行业工作了 10 年，创过业、做过架构、当过高管。这些年我做过的事情中最喜欢的一件还是以创业者心态带着技术团队做点儿有挑战的事情。因为带团队的能力是技术团队管理者应具备的基本能力，所以技术团队管理者只有不断地在实践中训练和强化它，未来才能带领更多的人做事。

然而，带好团队确实不容易，尤其是对于刚刚转型不久的技术团队管理者。我自己也是一样，从程序员到技术团队管理者，一路跌跌撞撞、踉踉跄跄地踩过很多坑，也学到了很多宝贵的知识，下面我带着你启程避开这些坑。

1.1 新官上任

坦白讲，大多数技术团队管理者都是被迫从技术岗位转型的，所以新官上任会面临一系列尴尬的问题，例如，如何能让那些技术强、资历老、年龄大的技术人员配合工作，如何带领团队做出业绩，如何明确团队责任、规划技术路线等。在很多情况下，领导在“关键时刻”任命新的技术团队管理者，可能是因为项目任务重、压力大而临危受命，可能是因为公司内部“政治”环境复杂，需要一个新的技术团队管理者来平衡内部“权力”，也有可能是前任技术团队管理者因不堪重负愤然提出离职，而这一切都逼着新上任的技术团队管理者在短期内实现从“管代码”到“管人”的转变。

但众所周知，新上任的技术团队管理者由于身份和职责的快速变化，往往会水土不服，很难适应新岗位，其原因归结起来有以下 3 种。

（1）**思维难变**：从技术岗位突然到管理岗位，缺少培训和指导，更没有过渡期，一直用技术人员思维带队做事，每天为各种事情焦头烂额。

（2）**排挤他人**：有些新上任的技术团队管理者为稳定地位，排挤资历老、不服管的员工，而任用自己信任和听话的员工。

（3）**自吹自擂**：新上任时信心满满、自吹自擂，干活时能力有限、水土不服，最终以项目失败而告终。

那么作为一个新上任的技术团队管理者，如何才能取得团队和领导的信任，务实地统领全局，整体规划，分步实施，短期内做出业绩呢？具体做法如图 1-1 所示。

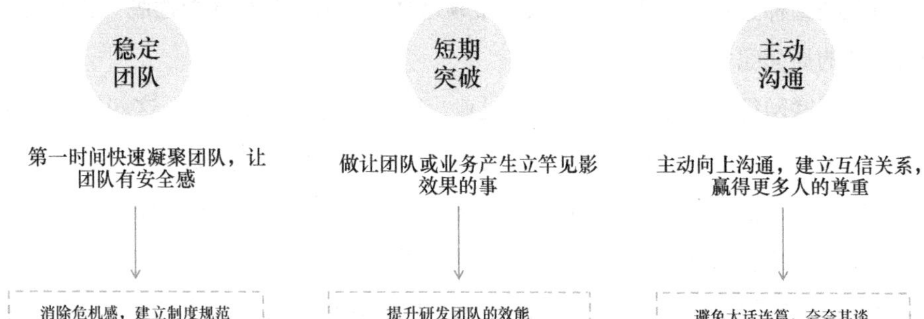

图 1-1　新官上任的做法

1.1.1　稳定团队

新上任的技术团队管理者需要格外谨慎，因为新官上任时内部可能有很多人羡慕嫉妒恨，新官上任的一举一动会被格外关注，大家生怕接下来会有什么大举动。

自古新官上任三把火，很多技术团队管理者上任后带着“不点火怎么能立威”的想法，常常会做出几件大刀阔斧的事，以表现自己与众不同的才能，好让众将“俯首称臣”。其实这并不是明智的做法，新上任的技术团队管理者第一时间要做的事情应该是熟悉业务和流程，快速凝聚团队，让团队成员有安全感，并思考怎么在和领导的蜜月期内做出业绩等。

刚上任的技术团队管理者，岗位刚刚变化，还需要时间适应，而各项工作又千头万绪，每一项工作的开展都有很多阻碍，需要熟悉和解决。因为缺乏经验，很难面面俱到，这时往往需要团队核心人员的支持与配合，所以和团队核心人员建立信任就显得格外重要，如果新上任的技术团队管理者为了立威，排挤他们，虽然能逞一时之勇，但将会对团队的稳定和项目的推进产生很大的阻碍作用，同时也会让别人觉得没有度量。最重要的是，没有团队核心人员的信任和支持，能在短期内产生业绩的概率也非常小。

那么如何才能取得团队信任呢？答案是从解决团队中出现的问题开始。

要解决团队实际问题，首先需要发现问题，再深挖问题的根源，并从根本上解决问题。其实，技术团队成员出现的很大一部分问题都是低级错误导致的。对于低级错误，完全可以用规范制度约束行为来解决，例如，当技术人员没有规范的编码习惯和上线巡检流程，就会经常被各种混乱的代码和奇怪的问题所困扰，最终导致线上系统故障频出，工作效率极低，这时需要深入分析问题，并找到问题的关键之处，制度管人、规范管事，建立一套标准的工作规范制度就非常有必要。

同时，技术团队代码是核心，代码质量是产品质量的保证，而技术团队成员的技术能力又参差不齐，如果没有严格的代码规范标准和代码评审制度，项目中的整体代码就很难都达到高质量的标准，质量不高的代码对技术团队来讲几乎就是灾难，后期开发和优化都需要花费大量的时间，质量不高的代码上线后甚至会造成严重的事故。

除此之外，技术部门常被业务部门催促赶工，在工期短压力大的情况下，很多开发中的流程常常被略过，如技术方案评审、正式测试前的提测环节，更别说上线前性能相关压测和参数调优了，上线后各种问题和 bug 频繁出现，导致业务部门对技术部门的信任度急剧下降。

分析了团队可能存在的问题，接下来新上任的技术团队管理者就可以提供有针对性的解决方法。

首先，新上任的技术团队管理者需要和团队核心人员友好相处，即使团队核心人员怀有敌意，新上任的技术团队管理者也要释怀，第一时间团结团队成员，消除危机感，这样新上任的技术团队管理者才能够腾出很多精力来思考业务突破口和流程上的优化点，避免陷入信任危机，疲于奔命协调各种关系。

其次，新上任的技术团队管理者要制定相对合理的规范制度，这些规范制度在得到团队内部认可后，要求团队严格按照制定的标准执行，这样既规范了工作秩序，又提高了工作效率，而且为团队协作提供了依据和准则，风险职责也更加明确和清晰。

再次，在代码质量方面，新上任的技术团队管理者要加强技术方案评审、代码质量评审、自动化质量平台检测等环节，来保障项目上线质量。同时，整理代码规范文档，作为规范参考标准。另外，还要建立代码质量监督机制，让团队养成重视代码质量的习惯。

最后，对内的问题处理好后，就需要花时间稳定和其他部门的关系。很多互联网公司的业务部门和技术部门之间相处并不"融洽"，这是由于两个部门的职责不同导致的，技术部门作为支撑部门，需要依附于业务部门才能创造价值，而业务部门经常"病急乱投医"，不按流程跨部门合作，让技术人员长期处于一种疲于奔命的状态。部门协作方面，新上任的技术团队管理者要制定一套标准的需求提案流程，需求提出后严格要求签字确认，对于确认后的需求，要进行严格的技术评审和排期。

当团队的人、事、规范和制度落实后，团队会有明显的改变，这些明显的变化会让新上任的技术团队管理者得到认可。

其实，新上任的技术团队管理者对外要和各个业务部门建立有效的协作机制，推进部门间的高效合作，并不断地优化和改进这些合作流程和机制，经过 2 ~ 3 个项目的打磨，部门之间就会形成稳定的协作流程和规范，这时团队对新上任的技术团队管理者也会更加信任。

总体来说，新上任的技术团队管理者需要先着眼于技术和业务，与团队内外建立良好的关系，提升团队凝聚力，这样才能打赢一切硬仗，实现团队的共同目标。

1.1.2　短期突破

刚刚上任的技术团队管理者，在大刀阔斧地改革的同时一定要考虑短期如何获得业绩的事情，因为刚上任其实是站在聚光灯下，公司上下期望值非常高，希望他们接手团队后，团队和业务能产生立竿见影的效果。如果只做长期规划而不做短期见效的事情，时间久了，团队和公司都会对他们的工作能力产生怀疑。

对于新上任的技术团队管理者如何开展工作，并没有标准答案，不过我觉得一份靠谱的业务规划一定包括短期、中期和长期 3 个部分，短期内如果做出业绩，就会坚定团队的信心，更会得到团队和公司的认可。

那么，要想短期内做出业绩可以从哪些方面入手呢？其实技术部门作为支撑部门，技术团队管理者的很大一部分工作是对内的，只要提升了技术团队的效能，基本就做出了业绩。要想短期内提升技术团队效能，第一步就是要找到技术团队在项目开发中花费时间占比较长的事项，根据我以往的经验来看，技术团队开发中低效的事项往往与技术人员的能力相关性不大，通常是技术团队低效协作导致的。优化好协作流程就能提高开发效率。毕竟技术团队最核心的工作还是完成研发任务，如果要做出更多的业绩，就需要多和业务部门的领导沟通，了解业务需求，把技术深度融合到业务中，用技术对业务进行分析与透视，解决业务痛点和难点，帮助业务部门提升业绩。

完全熟悉公司业务需要较长的时间，短期内可以先熟悉公司核心业务部门的业务，解决业务部门的一些实际的问题。举例来说，很多企业因为没有信息化，客户都是由销售人员单独进行管理的，销售人员的客户信息也不会进行共享，销售人员一旦离职，客户的线索往往就会中断。由于没有信息化，销售人员也不会对客户的线索进行深入的跟踪和挖掘，更做不了根据竞品数据挖掘客户的潜在需求，从而找到行业的市场机会。这时新上任的技术团队管理者可以帮助业务部门把数据上系统（但这些业务系统并不建议自己开发，采购第三方成形的系统会是不错的选择，第三方专业的系统既稳定，又能立刻用上），以此帮助业务部门分析客户和行业数据，用数据指导业务的方向。

业务短期有突破后，新上任的技术团队管理者对公司的业务会更加了解，这时候做中期和长期的规划才会靠谱些，中长期的规划要在结合公司整体目标的基础上考虑部门目标、市场机会、投入资源、关键节点和技术难点等。中长期的规划需要考虑很多综合因素，而且随着公司的发展和业务变化，原有的规划也会不断做出调整，变化较大，所以不建议新上任的技术团队管理者在未站稳脚跟之前，做那些短期内无法显现成果的事情。

1.1.3　主动沟通

技术团队管理者相对于业务出身的管理者，表达能力往往偏弱一些。业务部门主管的基本工作就是沟通，有的主管从业务员做到部门负责人可能已经磨炼了十几年。而技术团队管理者很多都是从程序员转岗的，平时锻炼的基本是写代码能力，而非沟通能力。但是对于新上任的技术团队管理者，与领导保持良好的沟通可以说是非常重要的事情。及时向领导汇报工作，包括工作计划与进展、项目执行的障碍、技术对业务的决策与支持等，这些都有利于获取领导的支持和理解。

但值得注意的是，和领导高效地沟通是建立在信任的基础上，新官上任，领导基本上都会格外关注，并给予很大的信任和支持，新上任的技术团队管理者只有务实做事，才能留住这份信任，在与领导的沟通中不必做出过多的承诺和保证。领导对提升的人的能力是有了解的，因此与领导沟通要坦诚，切不可大话连篇和隐瞒欺骗，因为说过的话是要兑现的，如果领导是一个言行一致、眼睛里容不得半点沙子，还特别较真的人，那么说过的话无法兑现最终很难得到满意的结果。

新上任的技术团队管理者想要赢得领导的信任和支持，还是要在短期踏实地做事，找到技术推动业务的突破口，业绩不是喊出来的，是实打实干出来的。做事稳重有序，不夸夸其谈，等做出了业绩自然会得到他人的认可。

所以，新上任的技术团队管理者首先要稳定团队，梳理好做事的流程；然后在短期内做出业绩，得到领导和团队的认可；再后要与领导进行有效的沟通，逐步建立互信的关系；最后脚踏实地地做事，去赢得更多人的尊重。

1.2　角色认知

技术人员升职为技术团队管理者后，其实工作内容的前后变化还是很大的，在时间、目标、职责、精力和关注点等方面都会截然不同。而这些不同点对新上任的技术团队管理者来说或多或少是有些模糊的，下面我们一起来看看这些不同点。

（1）职责不同：技术团队管理者更要对整个团队负责，而不像技术人员一样只负责代码开发，不考虑其他团队成员的代码质量和效率。

（2）时间不同：技术人员有整段时间可以做事，只要按计划执行，就可以完成任务，而技术团队管理者更多的是在碎片化的时间里带团队做事，计划往往赶不上变化。

（3）问题不同：技术人员在工作中只需要解决自己的技术问题，就可以确保工作成果，而技术团队管理者每天要花费大量时间处理下属的问题，才能扫清项目执行中的障碍。

（4）沟通不同：技术人员遇到问题只需向上沟通，而技术团队管理者不仅要向上沟通，还要向下沟通和平级沟通。

（5）质量不同：技术人员只对自己的代码质量负责，而技术团队管理者要考虑项目整体质量，才能确保结果有较高的质量。

（6）思考不同：技术人员只需思考如何提升自己的技术能力，而技术团队管理者要考虑项目的进度、质量、成本等诸多因素。

（7）关注不同：技术人员平时关注技术的时间较多，而技术团队管理者为了提升团队整体的效率，平时关注人和事的时间较多。

（8）目标不同：技术人员的目标一般是事情怎么做，重点是过程，而技术团队管理者的目标是找谁做，重点是结果。

升职前后的变化很大，上面的 8 个不同点，每一点都需要新上任的技术团队管理者学会“管人”，职位的变化导致工作内容完全转变，这些新的内容需要技术团队管理者去适应，并清楚具体的工作职责。

下面我们来看看研发部门中 3 种角色的管理岗位的具体工作职责，这些工作职责并不是相对孤立的，在很多中小型互联网公司中这些管理岗位的职责都会有重叠。

（1）团队管理者：任务分派、人才管理、横向协作、向上汇报、绩效考核、文化塑造、流程建设、规范建设。

（2）高级工程师：设计规划、代码评审、需求分析、技术分享、技术革新。

（3）项目负责人：制订计划、进度控制、质量控制。

下面我们一起来看看这些管理角色是如何落实团队工作的。

1.2.1 团队管理者

团队管理者是一个团队的核心，需要搭班子、定目标、带队伍，建立完善的协作流程体系，塑造开放透明的团队文化，这个过程需要团队管理者懂得借力，有更多人跟随和支持，才有可能成功。具体的工作职责包括任务分派、人才管理、横向协作、向上汇报、绩效考核、文化塑造、流程建设和规范建设，如图 1-2 所示。

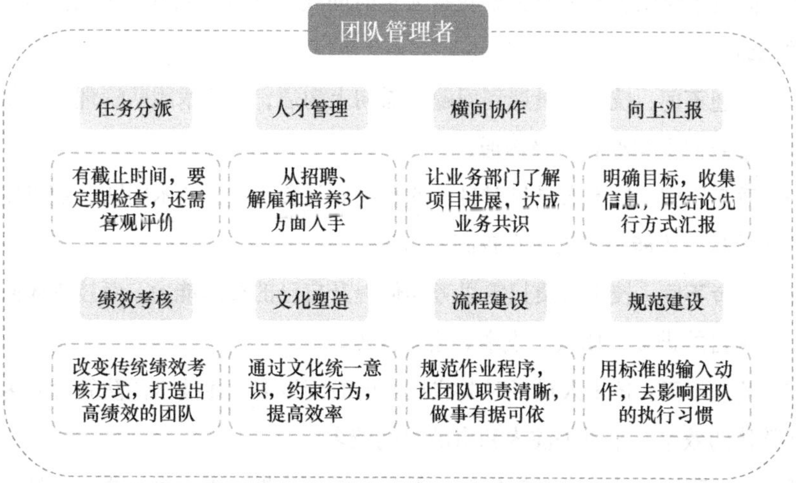

图 1-2　团队管理者的工作职责

1. 任务分派

团队管理者为团队成员分派任务时，要有明确、具体的要求，分派任务前要明确要求和目标，执行中遇到问题要给予引导，任务的阶段性成果要及时反馈，对做得较好的地方要给予肯定和正面的评价，条件允许的情况下，可给予一定的物质激励。

任务分派前，要充分考虑目标实现的可行性以及目标实现的动力，包括投入的资源、对能力的要求、目标难易程度等，让下属在任务完成中有一定挑战但也不至于丧失信心和动力，这样任务完成后才会有成就感，同时也能学到很多东西，做事的动力才会更大。为了避免下属对任务目标的理解出现偏差，可以在任务分派后让下属重复一遍任务的具体内容以及要达成的目标，这个方法可以确保执行结果不会出现大的偏差。

同时，还要帮助团队提前发现任务执行中可能遇到的问题，让团队提前做好预案，降低任务执行中的出错风险，增加任务完成概率，任务分派时团队管理者可以询问下属："任务执行过程中可能遇到哪些问题？""如果遇到这样的问题，应该怎么处理？”“如果任务执行失败，你觉得可能是哪些原因？”这样可以锻炼下属对任务的整体把控力和独立思考力。

另外，分派的任务如果执行周期较长，要设立里程碑节点，每个里程碑节点需要确定具体时间，因为分派没有截止时间的任务根本谈不上有效的管理。应及时审查阶段性成果，关注执行过程中遇到的问题，对于常出现的问题，要深入思考、追溯源头，从根本上解决问题。

解决问题的能力是每个团队管理者的硬技能。作为团队管理者，除了要及时帮助团队解决问题，还需要提升团队解决问题的能力。下属在任务执行中遇到问题，思考很久但仍没有找到解决方法而寻求帮助时，该如何帮他解决问题，并提升他解决问题的能力呢？

对于下面的一些思考路径，包括清晰描述问题、类比问题、大胆假设和小心求证，团队管理者在帮助下属解决问题时可以试试看。

（1）**清晰描述问题**。吉德林法则说：把难题清清楚楚地写出来，便已经解决了一半。这句话告诉我们清晰地描述问题是解决问题的前提条件。对于了解问题全貌，清晰的阐述问题，可以采用5W2H模型对问题信息进行收集和观察，5W2H模型分别是：Who（谁）、Where（什么地方）、When（什么时间）、What（发生了什么）、Why（为什么）、How（如何）、How Many（多少）。模型应用格式是：谁在什么时间什么地方发生了什么，这个问题是如何发生的，为什么会发生，有多少因素会受影响？

（2）**类比问题**。拿当前出现的问题和之前出现的问题对比，找出相同点和不同点，相同的地方应用之前的解决方案，对于不同和特别之处要避免生搬硬套。其实每一个团队的日常工作中重复出现的问题并不少，如果能找到一套有效的方法提升雷同问题的解决效率，下属任务执行效率就能提高不少。

（3）**大胆假设**。当遇到有挑战性的难题，尤其是没有任何思路的时候，对问题可以进行大胆假设，多一些假设，就会多一些解题思路，也会多一些选择。不过，基于一定的技术能力和经验的假设才更接近真相。毕竟，假设也是基于专业知识为前提的。

（4）**小心求证**。对问题假设后，要对假设的可能进行分类，排除掉那些明显不靠谱的假设，对于剩下的假设条件要小心求证，不要放过任何细节，慢慢推理和论证，并寻求更专业人员的帮助，直到得出合理的结论。

要解决问题，除了清晰地描述问题、类比问题、大胆假设、小心求证，解决问题的决心也很关键，对资历浅的技术人员来说，他们遇到问题时往往很害怕，在心态上就已经输了，所以团队管理者还要帮助下属树立解决问题的信心，有了必须解决问题的决心和适合的方法，问题迟早都会被攻破。

任务完成后，团队管理者对最终的工作成果考核时，要做到客观中立，不带有个人主观色彩地进行评价，同时对于考核结果不理想的下属，团队管理者要让他们知道问题所在，并帮助下属找到适合的方法来改善和提升不足之处。对于考核结果优秀的下属，要及时给予肯定和奖励，找出下属执行中的亮点，让团队中更多成员来学习。

总体来讲，对于任务分派，需要注意以下 5 点。

（1）所有分派的任务一定要有目标和截止时间。

（2）对任务阶段性成果要及时审查，并帮助团队成员解决执行中遇到的问题。

（3）不要做“老好人”，而要及时指正下属的问题，打造一支能打硬仗的团队。

（4）教会下属分析、解决问题的方法，避免他们陷入问题陷阱。

（5）对优秀的下属要及时给予肯定，激励他们做出更好的成绩。

2. 人才管理

人才是企业的核心竞争力，团队管理者要建立完善的人才梯队，对于人才梯队的建设可以从招聘、解雇和培养 3 个方面入手。

（1）**招聘**。团队管理者要深度思考公司的业务规划与发展，根据公司战略方向设立团队的目标，再根据团队目标做招聘计划，明确团队需要搭建的人才梯队模型，以及在不同的发展时期需要招聘的人才。对于人才的招聘，可以优先从团队内部选拔，这样可以大大减少人才的招聘时间并降低成本。

同时，为了提高招聘效率，让招聘工作责任到人，还需要建立一套标准化的招聘流程，包括招聘规划、简历筛选比对、远程初试、信息登记、技术面试、素质面试。

对于面试环节的技术面试是考核的重点，分值占比较大，技术面试要重点考察专业技能、应用架构和项目经验。技术之外的素质面试要考察工作中需要的软性能力。

- 专业技能：考察对编程语言、算法和数据结构的掌握情况，可以要求现场编程。
- 应用架构：考察对开源框架的理解和应用，系统架构设计与调优。
- 项目经验：结合具体业务介绍技术解决了哪些问题，项目开发中的协作事项等。
- 软性能力：自驱力、兴趣度、责任心、稳定性、勤奋度、灵活度、努力度等。

（2）解雇。要对试用期的员工进行严格考核，避免转正后发现其能力不能胜任。对于试用期完全无法胜任本职工作，进步又缓慢的员工，以及不认同公司或团队理念而出现严重违纪或重大事故的员工，团队管理者要果断将其解雇，千万不能犹豫心软，碍于情面将就录用，因为这样会给团队造成很不好的影响，不合适的人坚决不能将就。

当然，解雇员工前要提前和对方沟通，给对方留有思考的时间，以便有一定的缓冲空间使对方接受。解雇时要说出具体原因，尤其是触犯公司价值观和底线的员工，更要表明立场，同时也要肯定对方给公司和团队做出的贡献，和平解约，好聚好散。对于离职的员工要做好交接，收回所有权限和账号，以确保信息不外传。

（3）培养。团队管理者懂得培养下属非常重要，如果不懂得培养下属，就没有下属完成团队中有难度的工作，最终团队管理者只能事无巨细地参与到每一件事情中，陷入越忙越乱、越乱越忙的怪圈中。同时如果团队管理者不懂得培养下属，那么其自身也很难得到提拔，因为其一旦升职，没人能顶替其现在的位置。

更多关于人才管理的内容，我们会在第 2 章中详细讲解。

3. 横向协作

良好的跨部门横向协作是提升跨部门合作效率的关键，互联网公司中技术部门和业务部门的关系往往并不融洽，归结其原因主要还是各自的目标和利益不同，但技术部门和业务部门又是需要高度配合的部门，所以跨部门横向协作非常重要，处理好跨部门横向协作可以极大地提升工作效率。平时工作中要让业务部门及时了解技术部门的工作，这样有利于过滤掉业务部门不合理的产品需求，获取业务部门资源上的帮助，还可以帮助技术部门减少会议和其他琐事的纠缠，把精力专注地投入到产品的开发上。

在跨部门的横向协作机制上，双方需要制定合理的协作规范、制度和流程，定好做事的“规矩”，坚决杜绝口头传递需求，中途随意更改需求。通过“规矩”约定双方基本底线，避免不切实际的事项给技术团队造成的不必要干扰。

更多关于横向协作的内容，我们会在第 5 章详细讲解。

4. 向上汇报

在实际的工作中团队管理者往往不太愿意主动向上汇报。其实，向上沟通非常重要，能高效地和自己的领导沟通，让领导及时知道团队情况和工作进展。当领导觉得团队管理者办事靠谱，团队管理者自然能获得更多的工作支持，工作开展起来也会更加顺利。

对于向上沟通，首先，需要明确目标和沟通的重点事项，认真理解领导提出的问题以及背后真正的意图；其次，为了让汇报能有重点，节省双方沟通时间，需要对信息进行整理和汇总；最后，沟通时要用“结论+问题+建议”的形式汇报。

更多关于向上汇报的内容，我们会在第 5 章详细讲解。

5. 绩效考核

绩效考核操作起来非常不容易，也非常考验团队管理者的能力，技术团队管理者很可能“一听就会，一做就废”，结果甚至事与愿违，越考核越起反作用。其实，常规的绩效考核很难适应灵活多变的组织形式和业务形态，快速发展的组织必须要构建敏捷的绩效考核系统。

构建敏捷的绩效考核系统，首先，能够帮助员工成长，不以利益诱导完成工作，工作内容注重提升员工能力，帮助员工解决问题，制订成长计划，采取有效行动，不断得到提升。其次，通过目标驱动完成工作，制定目标不仅是为了衡量绩效结果，更多要关注个体目标和整体目标的关联，聚焦在更有价值的事情上。再次，考核过程能够持续反馈，传统的绩效考核周期太长，要在短周期内持续反馈，让技术人员在反馈中进行诊断和自检，进而更好地完成任务，获得收获和成长。最后，考核团队整体产出，整体大于部分之和，以组织整体产出作为评估标准更有价值，也能帮助组织整体与目标对齐。

构建敏捷的绩效考核系统可以让团队建立自驱的内核文化，增进部门合作仪式感，以关键技术驱动业务增长，从而打造出高绩效的敏捷团队。

更多关于绩效考核的内容，会在第 6 章详细讲解。

6. 文化塑造

技术人员和机器打交道的时间太多，有的技术人员生活在编码的世界里，一天说不了几句话，团队氛围大多数都是沉闷的，团队管理者需要加强团队文化建设，让团队氛围从沉闷变成活跃，再到乐于奉献，因为优秀的团队文化可以有效地统一团队意识，管理团队情绪，约束团队行为，提高团队效率，塑造优秀人才。这是团队长期持久健康发展的根基。

再优秀的文化，也是团队一步步脚踏实地践行出来的，对于技术团队的文化构建可以重点从“坦诚”“学习”“复盘”“接受失败”“帮助成长”这些关键词入手。通过工作中的规范、工具和要求一步步地执行，形成团队的习惯和做事风格。

更多关于文化塑造的内容，会在第 3 章详细讲解。

7. 流程建设

完善的流程可以帮助技术团队管理者简化工作，避免陷入日常协调性的事务中而让自己整天处于疲于奔命的状态。同时完善流程还可以有效地帮助团队赋能，控制执行风险和结果，让团队去中心化并塑造良性的团队文化。

研发部门工作中一些核心流程的建设，包括产品开发流程、产品测试流程、用例评审流程和运维巡检流程。通过这些流程可以有效地提高团队工作效率。规范的作业流程可以减少因混乱造成的损失，同时也让团队职责清晰，做事有据可依，避免推诿扯皮的情况出现。

更多关于流程建设的内容，会在第 7 章详细讲解。

8. 规范建设

让团队依靠自律完成工作就像让胖子按照既定的减肥计划减肥一样，很难确保最终结果会令人满意，另外，团队成员很容易对每天按部就班的工作形成路径依赖，即使工作方式有问题也可能察觉不到，技术团队管理者要让团队摆脱路径依赖，重新审视团队的工作，快速熟悉和开展工作。

有经验的技术团队管理者会从规范制度入手，打造出符合团队发展的规范制度，通过规范制度中标准的输入动作，优化团队行为，影响团队的执行结果，形成更优秀的工作方式，让团队从中收获到成功的动力，由这种及时反馈的动力来推动团队前行，才能最终固化成团队的执行习惯。

更多关于规范建设的内容，会在第 8 章详细讲解。

1.2.2　高级工程师

互联网公司的高级工程师既需要把控公司的技术方向，又需要解决具体的技术难点，还需要针对产品需求进行需求分析和架构设计，他们是技术领导型人物，需要参与技术体系的搭建和技术氛围的营造，包括设计规划、代码评审、需求分析、技术分享、技术革新，是连接业务和技术的关键角色，如图 1-3 所示。

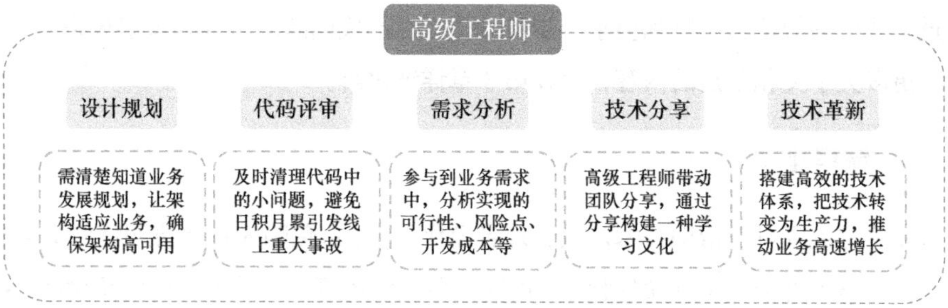

图 1-3　高级工程师的工作职责

1. 设计规划

高级工程师对代码进行架构的时候，要清楚地知道业务发展规划和目标，要让架构适应业务，确保架构的高可用，减少架构的复杂性。不能盲目地追求前沿技术，适合公司当前业务发展的才是最好的。对于系统架构设计缺陷导致的问题，要合理评估风险及后续的影响点，尽量避免只对眼前故障的修复，对于影响较大的风险点要尽早重新设计架构，从根本上解决问题。

同时，还需要搭建持续集成（CI）平台，通过持续集成平台减少技术人员的重复工作。自动化的流程能够提高开发效率、减少重复工作并降低出错风险。每次通过自动化的构建来验证程序问题，能更快和更准确地发现问题所在。

2. 代码评审

技术人员在能力不足或项目工期紧的情况下，往往会写出一堆糟糕的代码，导致系统上线后各种小问题不断，高级工程师要经常进行代码评审，及时清理这些小问题，否则日积月累可能会引起线上发生重大的事故。

高级工程师在每次项目上线前，都要及时组织代码评审，提升技术人员的代码质量意识，形成质量规范，从而避免一些小问题的累积而造成线上事故的发生。同时每次代码评审都是技术人员学习和交流的机会，能促进团队不断思考和进步，代码评审这种协作方式很像结对编程，也是一种敏捷开发。对于代码评审要注意以下几点。

（1）**检查编程规范**。代码评审时严格按照规范检查，代码规范包括命名规范、代码规范、注释规范、日志规范、异常处理、多线程处理等。

（2）**每次检查少量代码**。每次评审的代码量不宜过多，评审的代码量过大会造成注意力很难高度集中，所以平时要增加评审的频次。

（3）**代码审查清单**。高级工程师要列一个代码审查清单，有一份代码审查清单可以避免检查项的遗漏。

（4）**不以个人喜好评判别人**。代码评审中不能以自身的喜好对别人的代码进行随意评价，更多的要从代码审查清单和功能实用性出发，同时评审中要就代码说事，不能对他人进行批评打击。

3. 需求分析

高级工程师要参与到初期的业务需求分析中，分析需求实现的可行性、风险点、开发成本等，只有对业务有清晰的了解，才能架构出满足业务需求的代码。

获取需求后，需要对需求进行详细的分析后才能设计出技术方案，技术方案的内容包括架构图、用例图、流程图、实现逻辑、库表设计、引用框架。好的方案是设计出来的，高级工程师对需求分析和设计要格外重视，确保需求实现的可靠性。

技术方案要整理成文档，文档的内容要清晰明确，以作为后续功能设计和测试用例编写的依据。在需求评审时，要认真比对产品需求，验证设计文档的完整性和正确性。

4. 技术分享

对于技术分享这件事情，很少有技术人员觉得是一种享受，其中一个原因可能是对分享后的结果预期并不看好，另一个重要的原因就是团队里没有人做表率。这时需要高级工程师做好表率，带动团队定期分享，通过分享构建一种学习文化，它是营造技术氛围的重要部分。对于分享内容可以不做限制，围绕工作和生活都可以，如总结成长心得、提升认知、提升解决问题的能力、提升沟通协调能力、好书分享等。

对于高级工程师，分享应该是其工作的一部分，其他人可以轮流或者自愿报名参与分享，分享的频次可以结合团队的实际情况，可以设定为每月 2～6 次。

5. 技术革新

高级工程师需要能够识别业务发展中的潜在业务需求，搭建好研发基础架构，构建高效的技术体系，打造一个指数型技术组织，推动技术和业务的高度融合，把技术转变为生产力，利用技术创新和技术提效工具推动业务高速增长。

除了关心技术能力和技术创新，高级工程师在技术变革中还要不断寻求合作和支持，包括向外寻求技术专家的合作，获取更前沿的技术；向上寻求领导的支持，获得更多的资源支持；向下寻求团队的认同，达成更高效的协作。将自己的想法不断推演，让更多的人可以参与进来，包括产品团队和业务团队，只有这样才能实现技术变革，才能通过技术创造更大的价值。

1.2.3 项目负责人

现在互联网公司项目经理的职位少了很多，一般由团队管理者、技术骨干或产品人员来担任管理项目的任务，但管理的内容却没有变化。项目负责人对项目的把控主要有制订计划、进度控制和质量控制这 3 个部分。

（1）制订计划。项目立项后，需要制订项目计划，制订项目计划包括确定目标、需求管理、需求分解、任务排序和工时估算。

（2）进度控制。项目实施时需要对项目进行进度把控，项目进度控制方法包括制订进度计划、每日站立会、进度看板和高效沟通等。

（3）**质量控制**。项目质量管理可以从代码质量分析平台和质量体系搭建入手，其中质量体系的搭建包括预防准备、过程管控和集成质量平台。

更多关于项目管理的内容，会在第 4 章详细讲解。

1.3 带队原则

刚上任不久的技术团队管理者，还是会把很多精力投入到技术开发和难点攻克上，每次项目上线，总会忙得焦头烂额。团队规模扩大后，渐渐发现团队每天都有解决不完的问题，自己是团队里最忙、最累的那个，即使不眠不休也解决不了团队的所有难题，而这样疲于奔命的工作换来的团队的整体收益却并不一定高。

同时，技术人员又是一群脑力劳动者，敏感性较强，富有创造性，且工作内容变动性较大，因此带领这样的一群人，不能用传统的方式进行管理，而需要懂得授权和激励。

总体来说，带领这样一群人要遵循“抓大事，容小错”“放小事，担大责”“看细节，零容忍”的原则，如图 1-4 所示。

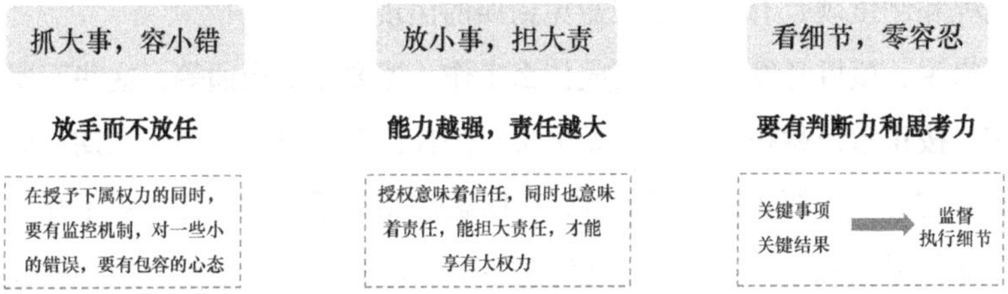

图 1-4 带队原则

1.3.1 抓大事，容小错

技术团队管理者首先要学会的就是放权，团队被充分的授权才有可能成长，但对于放权，有些技术团队管理者并不太愿意，觉得下属技术能力有限，代码实现的效果没有自己亲自开发的好，编码又不同于别的工作，一次小小的失败就可能会引发大的线上事故，评估风险和开发效率后，觉得只有自己亲自上阵才会放心。

技术团队管理者同时也怕放权后不能把控项目和技术细节，并且失去了权力，担心万一下属做得比自己好，也会对自己的职位构成威胁。这是典型的官僚主义，权力欲望过强，对控制欲望强的技术团队管理者而言，放权的确有很大的挑战。

其实放权并不是一味放手不管，聪明的技术团队管理者对下属放权应该抓大事，容小错，放手而不放任。如图 1-5 所示。

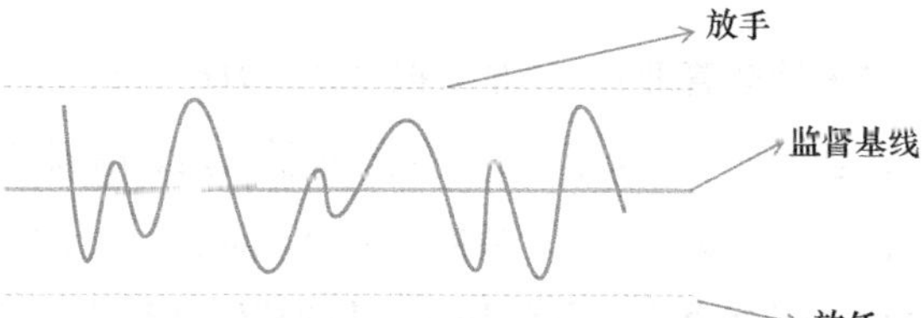

图 1-5 放手和放任的基准

在授予下属权力的同时，要有监督机制。这样既能让下属放开手干，又能避免发生严重事故。对于交代的大事，其关键点要严格检查，这些关键点决定着事情的成败，控制好这些关键点，风险就能降低很多。在放权给下属的过程中难免会犯一些小的错误，技术团队管理者对此要有包容的心态，及时对下属进行指导和帮助，并通过流程和制度规范有效控制和避免错误的出现。

举例来说，项目开发中每天完成什么工作，需要和谁沟通等，这些下属都可以自己决定，按正常流程执行就行，无须实时把控。但项目的质量、工期、成本这些都是项目关键点，需要实时了解情况，有问题需要下属立刻汇报。对于开发中的一些细节，如代码规范、评审制定、交付要求等，这些都可以通过部门的制度规范进行要求。

1.3.2 放小事，担大责

技术团队管理者放权给下属做一些重要事情的时候，对细节和结果会非常关注，但放权给下属做一些小事时，技术团队管理者往往会忽略具体细节和过程，其实小事更能看出下属的责任心，小事做好了才能放心让他做更重要的事情。

现实中很多技术团队管理者把工作中的小事交给下属处理，经常不去过问，甚至在交代下属事情的时候，还会嘱咐下属“这件事情交给你了，你看着办就行，不用来问我”，实际上这并不是对下属的放权，而是对管理的弃权。

能力越强，责任越大，技术团队管理者要让下属明白，授权意味着信任，同时也意味着责任，能担多大责任，才能拥有多大权力。要想让员工敢于承担责任，还需要技术团队管理者塑造良好的职责文化，加强责任意识的培训，并改变员工对错误的认识。

授权后，下属可能会有很多问题解决不了，技术团队管理者可以试着引导下属寻找解决问题的答案或是和下属一起讨论解决方案。但不要直接告诉下属，即使技术团队管理者知道问题的答案，如果直接告诉对方，技术团队管理者也缺少了和下属互动的机会，同时也不利于下属摆脱向上依赖从而养成主动思考的习惯。

当下属负责的一些事情出现失误时，应要求下属及时记录具体的执行细节和具体问题，这些细节和问题都是日后复盘的重要信息，通过这些细节和问题可以帮助下属不断反思，快速纠正执行过程中的一些不当之处，避免重蹈覆辙。

1.3.3 看细节，零容忍

正常情况下，团队都有一套标准的流程、制度、规范，做到把控关键点和授权常规事务并不算难事，只要跨过自身“权力”这道坎就可以。但抓核心细节，对于技术团队管理者的要求要高很多，要求技术团队管理者要有清晰的判断力和敏锐的思考力。

我们来看一个最能体现技术团队管理者抓核心细节的场景——技术方案评审。技术团队管理者需要细致地把控每一个技术点，不放过每一个技术细节。对于设计不足的方案，坚决不能通过技术评审环节，强调技术方案的重要性，细节决定成败。

对于细节管理，并不是要求技术团队管理者对团队所有的工作事无巨细和面面俱到，而是要求技术团队管理者在关键事项和关键结果上把控和监督执行细节。

技术人员有想法，不喜欢被限制，技术团队管理者可以先通过合理的流程制度，把技术体系搭建起来，有了完善的监督体系后再进行授权，充分调动各自的自主性和创造性。

1.4 小结

- 新上任的技术团队管理者需要从做人和做事这两个维度从发。做事包括：梳理流程、短期做出成绩、有效沟通。做人包括：稳定团队、务实诚信、主动沟通、赢得尊重、建立互信关系。
- 角色和工作职责一一对应，新上任的管理者想要快速适应新岗位，首先需要清楚工作职责和工作内容的要点。
- 技术人员虽然被称为“码农”，但工作中却需要很强的创造力，带领这样一支队伍，懂得运用授权和激励往往会事半功倍。

第 2 章 人才管理

技术团队管理者花在招聘上的时间应该非常多，原因之一是和团队成员朝夕相处的时间甚至比和家人在一起的时间还要长，彼此不合适将就在一起将是一件很痛苦的事情，那么如何才能建立一套标准化的招聘流程来提高招聘效率呢？

从某种意义上讲，一个没有亲自解雇过下属的技术团队管理者是不能进行独立招聘面试的，只有经历过解雇下属的人，才能体会到解雇下属的纠结与为难。中国其实是一个处处讲人情的社会，公司更是一个小型的社会，但为什么解雇员工的时候，却需要拥有一颗强大的内心，做到果断辞退呢？

培养和提高技术团队的学习能力并不是一件容易的事情，面对学习效率低下的技术人员，技术团队管理者该如何培养和提高他们的学习效率呢？

人才是一个企业的核心竞争力，企业对于人才的需求永远都是第一位的。对企业来讲，招聘到合适的人才，建立完善的人才梯队，是企业发展的重要基础。

2.1 招聘

技术团队管理者都有一种感受，招聘不是一件容易的事情，且花的时间非常多。对于要录用的新成员，基本上在招聘环节中技术团队管理者都要对其进行面试，确保新成员和团队的匹配度，要做到宁愿缺岗也不将就。

为了提高招聘效率，让招聘工作责任到人，需要建立一套完善的招聘流程，包括招聘规划、筛选比对、远程初试、信息登记，技术面试、素质面试、有效提问和面试决策，如图 2-1 所示。

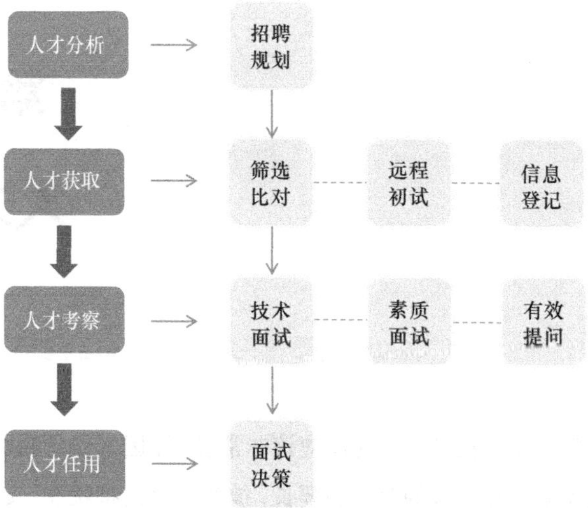

图 2-1　招聘流程

2.1.1　招聘规划

技术团队管理者需要结合企业的业务规划与发展，确定团队的人才招聘需求，做好招聘规划。很多时候项目中需要的岗位往往是短期岗，经过 1~3 个月任务完成后，这个岗位就释放了，招聘进来的新人就会闲置，如果一直不能匹配合适的项目，对企业来说，人才的价值就浪费了。对于短期的空缺岗位，可以优先考虑从团队内部选聘。对于内部选聘的人员，首先，对业务比较熟悉；其次，团队磨合的时间较短；最后，任务结束后也可以快速回到原岗位。岗位随着项目的结束可以快速释放，不会造成人员的闲置和浪费，也能减少招聘进来的新人因项目结束无事可做而离职。

技术团队管理者在招聘前需要仔细分析所招聘的岗位，分析岗位的胜任要求，包括项目经验、硬技能、软素质、加分项等。只有技术团队管理者对岗位有清晰的规划和认识，招聘进来的人才才能满足岗位胜任力，才能快速融入团队和业务。

有了明确的岗位和人才要求，接下来就需要快速找到匹配的人才。目前技术人才的线上渠道主要集中在 3~5 个互联网招聘平台，这些招聘平台各有侧重点，需要花些时间甄选，但对于紧急或高级岗位，需要短期内到岗，这些平台很难满足，可以鼓励团队内推，被推荐的人顺利转正后可以给予推荐人一定的现金奖励，当然，内推的效果在很大程度上还是要取决于技术团队管理者的靠谱程度。

2.1.2 筛选比对

职位发布后会有大量简历涌入进来，接下来就需要对简历进行筛选。筛选简历这个阶段的工作量较大，效率高的技术团队管理者，平均筛选一份简历也需要花 2 分钟时间。筛选简历看似没有技术含量，是个重复性的劳动，实则不然，筛选简历时需要有一双“火眼金睛”能快速识别出有水分和虚假的简历，同时还要对比分析各个符合条件简历的亮点和暗点，最终决定简历的去留。

那么，如何才能从海量的简历中快速“淘”出优秀的求职者呢？

第一步是初筛。参照岗位的招聘要求，提炼出岗位的硬性指标，如从业经验、项目经历、最高学历、专业技能等。快速浏览简历，过滤掉明显不靠谱的求职者，留下条件匹配的简历，这一步主要是看岗位的匹配度。

第二步是比对。对合格的简历进行细节比对，找侧重点和优势，比对的细节包括年龄、毕业院校、个人经历、专业技能、项目经历、性别、跳槽频率、求职意向、薪资要求、职位变化、待业时长等。挑选出优秀的简历，例如年龄 35 岁以内、名校对口专业、大厂工作经验、经历过从零到 C 轮融资、有过从 0～1 大型项目经验、有过创业经历、为开源社区做过高质量的代码贡献等，如图 2-2 所示。对于匹配度一般的简历可作为备选。

院校 正规院校统招学历，计算机相关专业优先	**经历** 有过大厂或创业经历，做过大型项目或向开源社区贡献过代码优先
年龄 技术人员30岁以内，技术团队管理者35岁以内优先	**技能** 精通主流技术框架，对某一技术领域有深入研究优先

图 2-2 简历中的亮点

简历筛选很锻炼技术团队管理者的逻辑分析能力、“识人”能力以及察觉细节能力。通过对求职者提供的简历信息进行细节比对和逻辑推理分析后，辨别出真伪，“淘”出和岗位匹配度最高的简历，而上述 3 种能力很大程度上取决于技术团队管理者的阅历和对岗位硬性指标的理解，所以越有经验的技术团队管理者，简历筛选的效率会越高。

2.1.3　远程初试

简历中的高学历并不等于高能力，所以为了提高正式面试的质量和效率，会增加一个远程的初试，如电话面试或视频面试，来排除一些不合适的求职者。同时，远程初试还可以确认求职者的意愿，增加到场面试的概率。

远程初试这个过程主要是核实简历中的一些要点和疑点，考核岗位要求的硬技能掌握情况，排除简历水分，二次淘汰求职者（价值观不符、履历虚假、技术水平低、无意愿、薪资要求离谱等）和筛选出条件符合的求职者。

远程初试前，面试官要熟悉求职者简历中的关键信息，确保远程面试中能提出有价值的问题。面试中，可重点考察求职者从业经历和表达能力，并及时记录关键信息，因为对过往经历的叙述中既能体现技术能力，又能体现一个人的逻辑性，对技术能力强、逻辑清晰、表达有条理的求职者，要优先安排面试。

远程初试一般不会产生面试的最终结果，时间上可控制在 30 分钟以内，一般由 HR 或技术人员负责沟通，整理出面试纪要，决定求职者是否可以进入下一个面试环节即可。

2.1.4　信息登记

求职者到公司后的第一个环节就是信息登记。对求职者进行信息登记，首先可以体现用人单位的规范化流程，让求职者觉得专业；其次可以统计基本信息，包括年龄、学历、专业、履历、婚育情况（女性）、重大疾病、上班距离、招聘途径、离职原因等；然后可以补充简历之外的信息，包括期望薪资、加班和出差意愿、背景调查联系方式、紧急联系人等；最后还可以通过填表的字迹看出求职者的性格特点，例如字迹潦草的求职者一般性格活泼，不够踏实，而字迹工整有序的求职者一般心思细腻，性格乖巧。

求职者填表后，面试官要核对信息，确认登记的信息、简历和电话面试纪要记录的关键信息这三者是否一致，信息一致则可以进入面试环节，否则要再次确认信息真伪。

2.1.5 技术面试

主要考察求职者所需岗位的专业能力，判断求职者是否能胜任岗位，这是最基本的能力要求。考察项包括专业技能、应用架构和项目经验，这 3 项能力的考察关键点如图 2-3 所示。对于考察结果可以用不合格、合格、优秀 3 个等级进行评判。

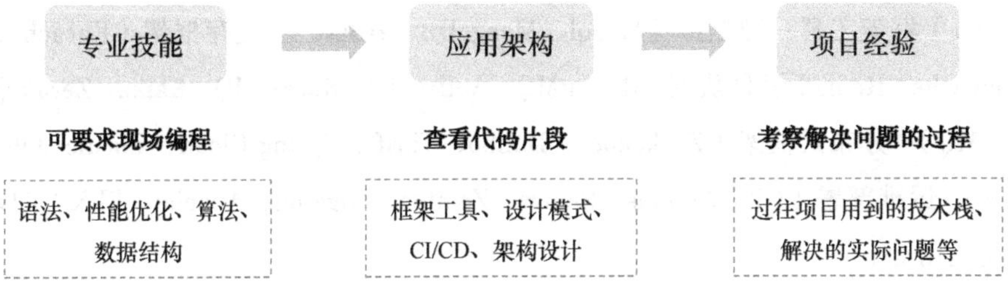

图 2-3 技术面试考察要点

1. 专业技能

对于求职者的专业技能考察，面试官首先要考察编程语言的掌握情况，编程语言部分可以重点考察基本语法、性能优化和难点问题解决能力。其次要考察算法和数据结构，如链表、栈和队列、二叉树、分治、回溯、贪心算法等。最后可以要求现场编程或手写实现思路。以 Java 语言为例，专业技能涉及以下具体考察点。

（1）**网络与安全**：HTTP 交互过程、HTTPS 和 HTTP 的区别、URI 和 URL 的区别、SSL 握手流程、Web 服务协议、TCP/IP 协议原理、Cookie 和 Session 的应用场景、DDCS、ARP、XSS 和 CSRF 攻击、SQL 注入、数据传输安全等。

（2）**数据结构**：队列、栈、数组、链表、哈希表、B+树和二叉树的特点等。

（3）**算法**：动态规划、分治、回溯和贪心的算法实现思想、时间和空间复杂度的转换思路、常用的排序方法和查找算法等。

（4）**JVM 和多线程**：JVM 内存的方法区、堆和栈、JVM 中的老年代、年轻代、持久代、GC 回收、JVM 参数和性能调优、编译器原理、线程等待和锁机制、死锁的原因、线程池的使用。

（5）**数据库**：基本语句、结构设计、日志、事务、索引、锁、存储结构、存储引擎、缓存机制、主从同步、数据库扩展等。

（6）**语言特性**：数据类型、集合、反射、异常、Lambda 表达式、Servlet、DI、IOC、AOP 的理解及应用等。

2. 应用架构

应用架构这部分主要考察求职者对开源框架的理解和应用以及系统架构的设计与调优。这个环节的考察可查看求职者之前的代码片段或询问以下关键点。

（1）**框架工具**：数据库（MySql、MongoDB、HBase）、缓存框架（Ehcache、Memcache、Redis）消息队列（RabbitMQ、ActiveMQ、RocketMQ、Kafka、ZeroMQ、MetaMQ）、分布式框架（Zookeeper、Dubbo、Thrift、Spring Cloud、Elastic-Job、LCN）、运维部署（Git、Jenkins、Sentry、Zambia、Gigging、Apache、ELK）的理解及运用等。

（2）**设计模式**：创建型设计模式（单例模式、工厂模式、抽象工厂模式等），结构型设计模式（桥接模式、外观模式、代理模式等），行为型模式（观察者模式、策略模式、迭代模式等）。

（3）**持续集成/部署**：Jenkins、代码仓库、日志收集、异常监控与告警、性能监控与调优的运用等。

（4）**架构设计**：Session 共享、分布式事务、负载均衡、应用拆分与集群、缓存机制、搜索引擎、弹性扩容等架构的设计及运用等。

3. 项目经验

项目部分的考察主要是询问求职者在过往项目中用到的技术栈并结合具体业务介绍技术解决的问题，以及项目开发中的协作事项等。

（1）**项目介绍**：项目背景、项目技术栈、架构设计、服务部署、难点问题、改进方案等。

（2）**项目管理**：协作方式、进度管理、需求管理、风险管理、代码质量、流程优化等。

对专业能力的考察结果可分为不合格、合格和优秀 3 个等级，下面是对 3 个等级的描述，面试官可根据求职者的表现对号入座。

（1）**不合格**：对于面试官提出的问题，基本回答不出、回答片面或回答错误，对知识点的理解还停留在一知半解的层次上，不知道代码实现的逻辑和原理，表现较差，无法胜任岗位的要求。

（2）**合格**：对于面试官提出的问题，回答基本正确，对于技术型问题能知晓原理，对常用框架的源码也有研究，参与过大型项目的架构设计，表达清晰，逻辑缜密，做事注重方法。

（3）**优秀**：对于面试官提出的问题，回答有新意，能刷新面试官的认知，能站在一定高度和不同视角回答面试官的问题，有重度代码洁癖，参与过开源社区的代码贡献，能将自己的思维融入代码中，能力远超岗位要求。

上述关于专业技能、应用架构和项目经验的面试问题可以是工作中常用的知识点，但要偏向技术细节和实现原理，对于每项能力的考察重点，面试官要因求职者能力不同进行灵活把控。介绍完硬技能的考察点，下面我们一起看看软素质的要求。

2.1.6 素质面试

除了考察上面对求职者的硬技能，还要对求职者除技术之外的软素质进行考察。技术人员的软素质能力包括自驱力、兴趣度、责任心、稳定性、勤奋度、沟通力、灵活度等。软素质能力的考察可以设计一些开放性的问题，例如“如果线上消息队列持续积压了几小时，堆积了好几百万条的消息，说说怎么解决？”“一个高并发、业务复杂的系统，你将从何处下手拆分？”“数据库如何快速迁移 50 亿条数据？”“设计一个反爬系统，如何防止第三方程序对内容的爬取？”等。“软素质”的各项能力都会包含在求职者的回单中，但各项软素质能力之间其实是有内在联系的，如图 2-4 所示。

最底层是自驱力，是一个人做事的动力源头。中间层是兴趣度和责任心，决定做事的投入度和可靠度。最上面一层是灵活度、沟通力、勤奋度、稳定性，这是做事的外在表现形式。这 7 项能力的描述如下。

（1）**自驱力**：自驱力是软素质的核心，考察这项能力的方法是了解过往做事的动力来源，有哪些坚持的习惯等。

（2）**兴趣度**：兴趣度是决定对技术能钻研多深的关键，考察这项能力的方法是了解求职者对新技术的关注和热爱，参与过哪些开源社区等。

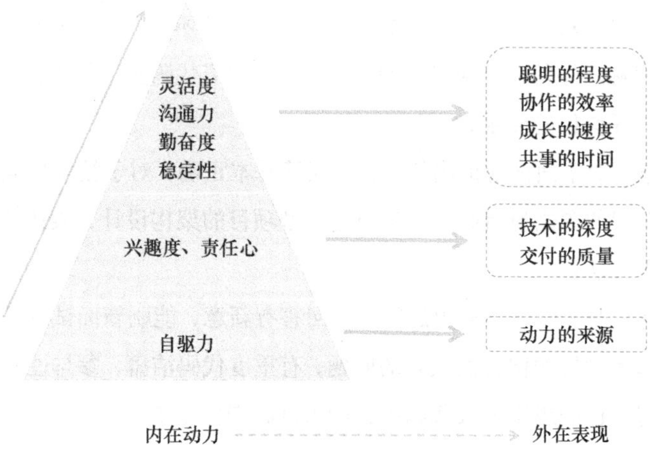

图 2-4　软素质能力之间的关系

（3）**责任心**：责任心决定参与项目的交付质量，考察这项能力的方法是了解求职者在项目中是否愿意主动承担责任，是否在意责任边界之外的事情等。

（4）**稳定性**：稳定性决定求职者能和团队一起走多远，关系到技术团队管理者是否值得对他进行培养，考察这项能力的方法是了解跳槽频率、职位变化等。

（5）**勤奋度**：勤奋度关系到求职者入职后的成长速度，考察这项能力的方法是了解过往工作饱和度、责任和技术成长速度。

（6）**沟通力**：沟通力决定求职者与团队的配合度和协作效率，考察这项能力的方法是了解面试过程中求职者对问题的表述逻辑和条理。

（7）**灵活度**：灵活度体现求职者的聪明和精明程度，考察这项能力的方法是在面试中测试智力题。

"硬技能"决定了岗位是否能胜任，而"软素质"决定了求职者与团队、企业价值的内在匹配度。对于上述"软素质"考察，要留意求职者对问题的分解、分析、概括和决策的过程，从这个过程可以看出求职者的逻辑思考能力、解决问题的能力及答案背后投射的软性素质。

2.1.7　有效提问

面试的过程本质上是一个寻找答案快速决策的过程，然而获取答案的效率却取决于问题的质量。好问题能快速获取求职者的关键信息，发掘出求职者的潜力。

说到面试过程的有效提问，不得不介绍行为面试法，行为面试法基于 STAR 原则进行提问和考察，问题分为 4 个部分：情景（situation）——项目在什么前提条件下，遇到了什么问题；任务（task）——项目要完成的任务及达到的目标是什么；行为（action）——要确保达到项目目标，采取了哪些行动；结果（result）——最终项目的结果如何，有什么收获。

在行为面试法中，面试官主要通过询问求职者过去工作和生活中的一些问题，了解求职者的经历，识别出关键性特征，从而推断求职者未来的行为及岗位匹配度。简单来讲就是从过去看见未来。这要求面试官能够抽取求职者行为特征数据来作为评价结果的依据，这样可以更客观地以特征数据为导向选人。

在采用行为面试法之前，需要先确定招聘岗位的“软素质”，例如一个岗位需要的“软素质”是“自驱力”“勤奋度”和“兴趣度”，接下来需要设计考察这些“软素质”的问题。考察“自驱力”可以询问“你过往工作经历中有没有为公司或部门独立研发过项目或工具？”，考察“勤奋度”可以询问“有没有在时间较紧的情况下，利用工作之余长期坚持学习新技术？”，考察“兴趣度”可以询问“你生活中感兴趣的事情有哪些？保持了多久？”。每项能力可以进行单独打分，最后算出总分，得出求职者的综合素质。

面试中，面试官可以刻意对求职者增加压力，因为在有压力的情况下求职者的虚假回答更容易被识破，对求职者的回答面试官要不断向下追问，直到求职者给出满意的回答。这个过程中面试官要注意求职者的一些面部表情和肢体动作，这些外在表现有时更能反映出求职者真实的一面，往往比求职者说什么更重要。对于行为面试法中的情景面试，可以参考下面的一段面试对白。

面试官：你过往的工作经历中有没有为公司或部门独立研发过项目或工具？

求职者：有，我在上家公司做过一个客户管理系统，公司之前一直是通过 Excel 记录客户信息，销售人员之间信息同步不及时，出现过很多问题，购买的第三方系统又难以满足需求，我利用下班和周末的空闲时间，两个月内开发了一个客户管理系统。

面试官：对于这个系统，销售人员使用得怎么样？

求职者：目前销售人员都在使用。

面试官：你如何保证第一个版本就能解决业务的痛点，你做了哪些关键动作？

求职者：……

面试官：这次系统开发你自己有什么收获？

求职者：……

面试官：公司其他人对你有什么看法？

求职者：……

面试官：如果再让你从头做这件事情，你觉得有哪些可以优化的？

求职者：……

面试官：是否可以演示系统或查看系统源码呢？

求职者：可以。

有效提问的关键是设计开放性问题，引导求职者思考并回答，提问的过程要关注求职者的语言细节，判断表述事项的真实性进而预测求职者未来的行为及岗位匹配度。

下面列举了一些行为面试法中评估各项能力的常见问题供参考，对问题的回答要及时在面试纪要中记录。

自驱力

- 你长期坚持做一件事情，动力来自哪？
- 你有没有改掉过一些不好的行为或习惯？
- 请举一件在没有任何人帮助情况下，长期坚持才完成的工作？
- 详细说一下你曾经设定的计划，结果如何？
- 项目中有没有引进过新技术，对传统的工作方法进行了改进并极大提高了效率？
- 你设定过哪些目标？是否有挑战性？为达成目标做了哪些关键举措？
- 请讲一件给你带来极大满足感的事情，并说明原因。

责任心

- 项目中你遇到的最大难题是什么？你坚持了多久才解决的？
- 当你遇到的难题超出你的能力之外，且时间紧迫，你怎么办？
- 当周边没有人看好你坚持的事情时，你怎么办？
- 请你介绍一个压力最大的项目，过程是怎样的？你在其中做了什么工作？
- 请你介绍一个被领导误解，你却坚持做完并完成得很出色的项目。
- 如果你中途放弃一件事情，会有哪些原因？
- 工作中哪些事情的失败会让你无法忍受？

兴趣度

- 你是如何保持对工作的激情的？
- 你是如何学习新技术的？
- 你对工作中的哪些事情最有兴趣？
- 你坚持最长的一个习惯是什么？
- 对于你自己认为最成功的一段工作经历，你在其中做了什么？
- 你如何对头衔、薪水、工作环境、领导、工作内容这几项的优先级进行排序？

2.1.8 面试决策

比面试过程更难的是对面试结果做决策。因为新人一旦加入，大家就要一起同舟共济，团队的伙伴彼此陪伴的时间比和家人在一起还长，每天工作中的各种痛苦、欢乐、失败都要一起面对。所以说，面试过程很难，但决策错误会更令人痛苦。残酷的是，决策错误才是常态。例如，一位求职者的经验和资质都不错，但匹配度和落地融入不行，恰巧项目需要人员立刻到岗，那么还要不要留下他呢？如果淘汰他，而他一旦被竞争公司录用，会不会有遗憾呢？

面试其实和相亲一样，双方都在寻找对方背后有价值的信息，透过表面看到本质的这个决策过程也是一个动态匹配过程，随着发现对方的优势越多，决策越好做。

决策时，除了依据求职者专业能力的考察得分，同时还要考虑求职者的能力和团队互补情况、求职者对公司和项目的兴趣程度、求职者与团队文化的匹配度，以及求职者的可塑性等。另外，面试官对求职者的直观感受也很重要，往往第一次见面直觉都很准。有了这些考量条件，更容易做面试决策。

作为技术团队管理者，最开心的事情是招到比自己厉害的人，这样整个团队效率就可以提升，工作中又多了一个好搭档，团队更多了一个学习榜样。只有技术团队管理者能够凝聚和连接更多牛人，团队的战斗力才会更强，团队才会快速成长。

2.2 解雇

作为技术团队的管理者迟早会面对解雇下属这件事，虽然是由于被解聘人员的原因给团队造成了影响，但还是有很多技术团队的管理者在解雇下属这件事上会磨不开面子，优柔寡断。

2.2.1　果断辞退

从某种意义上讲，一个没有亲自解雇过下属的技术团队管理者是没有资格独立进行招聘面试的，因为一个技术团队管理者如果没有经历过解雇下属，就很难体会到解雇的难处，进而更不知道招聘时需要多么谨慎。

中国其实是一个处处讲人情的社会，公司更是一个小型的社会，解雇员工的时候，需要有一颗强大的内心，做到果断辞退。越果断坚决，双方的痛苦时间越少。如果下属不合适，但技术团队管理者又磨不开面子解雇他，团队成员就会觉得工作能力并不重要，工作做好和做不好的结果都一样，这是非常危险的。作为团队的管理者，在这个关键时刻，要有魄力做出解雇的决定。

但大多数技术团队管理者对解雇这件事情并不擅长，所以会把解雇员工这件事情丢给 HR 来处理，这其实是一种不负责任的表现，新人从招聘入职开始，接受培训、学习业务、参与项目、朝夕相处，尤其是技术人员经常为了项目进度彻夜赶工，团队成员在一起奋斗了无数个日夜，彼此之间有信任也有责任，作为团队管理者，自己的下属自己管理好，做事要有始有终，如果真的不合适，就需要坦诚相告。另外，在下属办完离职手续后，技术团队管理者非常有必要与其真诚地谈一次，因为技术人员往往坦率真诚，有话就说，这个时候往往能聊出很多真心话。总体来说，员工被解聘的原因只有一点，那就是管理者实在无法再容忍他。

2.2.2　自检清单

对于能力不足的员工被解雇，其实很大一部分责任来自技术团队管理者，是技术团队管理者选人和育人的能力不足导致的。对于能力不足的员工，技术团队管理者可以从图 2-5 所示的几项进行自检。

（1）**反思**。每个员工入职都是按照招聘流程严格筛选的，如果是因为员工的能力不足而被解雇，首先要思考员工是如何被招聘进来的，招聘流程中有哪些不足之处，面试考察项中有哪些需要完善和改进的地方，如何在试用期中快速评估员工能力等。

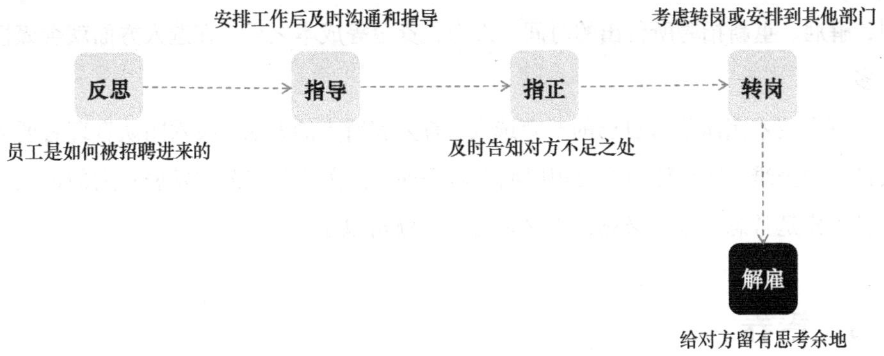

图 2-5 自检清单

（2）**指导**。当评估一个员工的能力时，需要检查为其安排的工作与其能力是否匹配，项目中不同的功能对技术能力要求会有很大的不同，任务安排后是否对他进行过技术方案的指导，及时的沟通和指导能有效地达成目标。另外，对考察后能力确实无法胜任当前工作的员工，是否在其入职时安排过老员工带领成长或提供过专业培训。

（3）**指正**。对于员工的能力不能匹配工作这件事，其实在工作中很容易发现，一旦发现，作为技术团队的管理者，有没有就此跟员工沟通过，让对方清晰地认识到自身的不足，并做好相应的准备，包括转岗、加强学习或离职。

（4）**转岗**。对于培训指导后仍不能完成工作的员工，要考察其还有什么其他专长，考虑是否可以转岗或安排到其他部门，另外，还可以综合考虑员工的学习能力，如果学习能力很强，在团队和项目允许的情况下，决定是否可以留给对方一些学习时间。

（5）**解雇**。如果对于以上几点技术团队管理者都做了，那么如果员工仍然无法胜任岗位工作，他们中的大多数自己会选择离开，并心存感激。当然需要提前与员工进行解雇沟通，给对方留有思考余地，有一定的缓冲空间，心理上的巨大打击才能慢慢释放掉。

要降低员工被解雇的比例，还需要在招聘的源头上发力，把宁缺毋滥作为招聘的底线，尤其是对于研发部门，技术人员长期加班熬夜，参与的项目往往时间紧、任务重，这个时候非常缺人手，为了项目能够按期上线，在招聘中技术团队管理者往往对于不是非常满意的求职者也会网开一面，将就录用，并寄希望于对方能快速成长起来。如果技术团队管理者算过对于自己团队中一个不合格的员工从招聘、培训、解雇、重新招聘所付出的时间、人力、资金等成本之后，在选人方面就会谨慎得多。

每个技术团队都有自己的一套选人、育人和留人的方法，技术团队管理者要克服自身的困难，站在部门或公司层面上看问题，其实部门和公司发展壮大的过程中人员更换是常态，也是必然，以平常心看待就可以了。

2.3 培养

对技术人员来讲有两样非常重要的能力，一是学习能力，二是反思能力，学习能力决定技术人员的成长速度，而反思能力则决定技术人员学习的速度。

2.3.1 学习能力

如果你细心观察就会发现，很多技术人员确实不会学习，或者学习效率很低。例如，我们身边一定有这样的技术人员，他们逻辑思维能力很强、创意性的点子也不少，但就是学了很多东西之后记不住。其实，学习任何知识都是有一套方法的。

对技术团队管理者而言，我觉得有一项比较重要的能力——快速提高团队成员的学习能力的能力。学习能力提高后，团队的战斗力会非常惊人。例如，一个团队有 30 人，平均每个人学习一项技能的时间是 10 小时，如果能教会他们一套学习方法帮助他们把学习时间缩短为 5 小时，那么相当于团队多出 15 个人，是不是很可观？

对于学习，我们需要找到大脑的认知和学习规律，那就是反思性学习和间隔性学习。掌握了这两条规律，学习效率就会高很多，这两条规律适用于任何人。

1. 反思性学习

很多技术人员在学习时会一直停留在“学”和“用”上，少了一个中间环节——“反思”。如果缺少反思这个环节，效果就不会好。就像很多技术人员只会使用技术框架，而不去思考和研究框架底层的实现原理，也不去思考项目中为什么要用这些框架，这样，当技术问题出现时就很难快速找到解决方案。

技术人员日复一日机械式编码，大脑其实是处于“偷懒”状态，会缺乏思考的过程，而对所学的知识不进行深入的思考，到应用层面上的效果会打很大的折扣。进行及时的反思是一种非常高效的学习方式，它有助于加深大脑对所学知识的理解和记忆，也符合大脑的认知规律。

学习任何知识的过程中，随着熟练度增加，大脑会形成惯性，从而进入一种无意识的学习状态，这种无意识的学习状态会不利于对知识的理解。这时需要重新刺激大脑，以便让大脑摆脱无意识的学习状态，重新进入学习和思考区，经常做反思就可以有效地达成这一目的，同时还能提升自身解决问题的能力。进行反思性学习有 3 个环节，分别是客观表述、理性分析和经验应用，如图 2-6 所示。

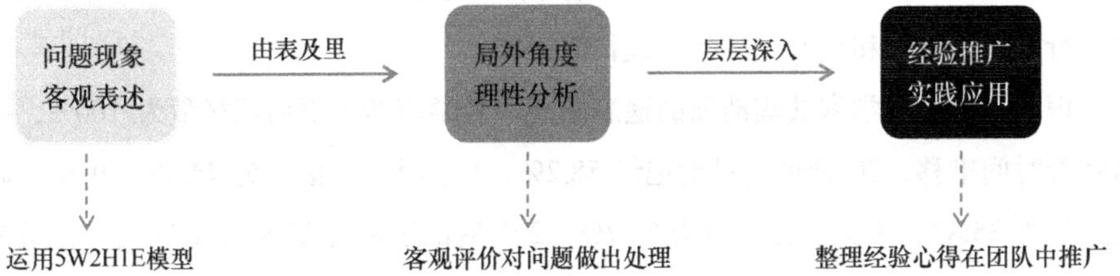

图 2-6　反思性学习的 3 个环节

（1）客观表述。对于问题或现象的客观表述非常重要，表述是否客观决定了解决问题的角度和立场，客观表述可以运用 5W2H1E 模型，其中 5W 分别是 Who、When、Where、What、Why，2H 分别是 How Much、How，1E 是 Evidence。

（2）理性分析。站在局外人的角度对发生的现象进行理性分析。例如，结果比预期差在哪里？能力和做事要求是否匹配？执行过程中出现的问题处理是否及时等，通过客观的评价才能对问题做出快速调整。

（3）经验应用。通过对发生的现象进行客观的评价和分析，整理出经验和心得，并在团队中推广，并及时应用到实践中。

举个例子。例如，项目中考虑是否要引入新技术实现特定的业务功能，这时首先要能说清楚实现的业务功能具体是什么？现有的技术瓶颈有哪些？解决技术瓶颈除了引入新技术是否有其他的替代方案，如投入更多人力和资金能否解决？引入新技术带来的成本（团队的学习和培训）和风险（新技术本身和新技术发展的稳定性）有哪些？如果必须引入新技术，如何低风险和低成本尝试？只要想明白这些问题，技术人员就不会只看到新技术有多好、有多优雅，而会更多地思考业务和技术融合，让技术更好地与业务融合，进而更高效地实现业务需求。

这些思考框架随着团队在实践中不断迭代和复盘，能有效地提升团队的决策和思考效率。

上面这几步的反思性学习过程是建立在深入思考的基础上，这样总结出的内容才有价值，才能把经验和应用更紧密地联系起来。

2. 间歇性学习

除反思之外，间歇性学习可以帮助我们拥有长期记忆。

大脑形成长期记忆是需要时间的，短时间集中学习只能对大脑形成短暂刺激，这时形成记忆的留存时间较短，很难长期存储，通过间隙性学习能不断对所学的知识进行提炼、总结和存储，从而形成长期记忆。

根据德国心理学家艾宾浩斯的遗忘曲线，若学习新知识后记忆量为 100%，那么随着时间推移，20 分钟后只能记忆 58.2%、1 小时后记忆量为 44.2%，9 小时后记忆量为 35.8%，1 天后记忆量为 33.7%，2 天后记忆量为 27.8%，6 天后记忆量为 25.4%……如图 2-7 所示。

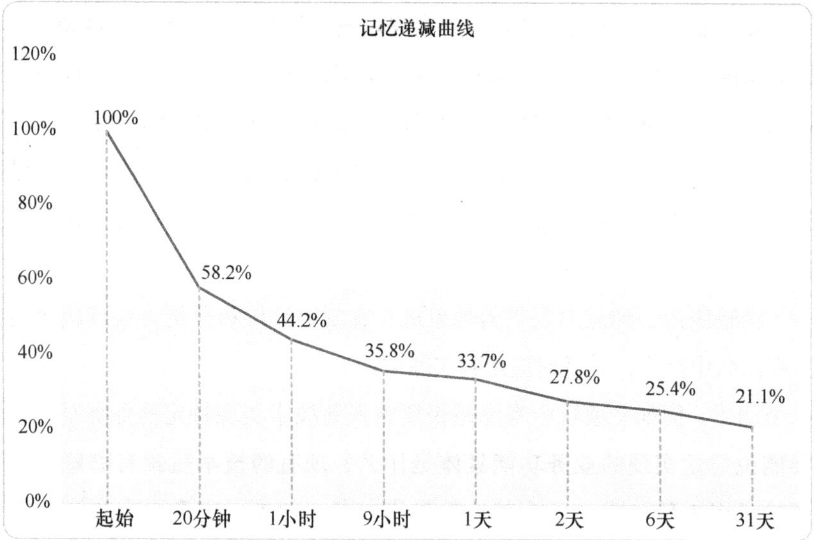

图 2-7 遗忘曲线

遗忘曲线显示随着时间推移，记忆被遗忘的越来越多。刚学完的一段时间，遗忘速度非常快，要尽可能在完全遗忘之前进行复习，由此可见间歇性学习的重要性。

很多技术人员喜欢集中一段时间学习一门新技术，因为这样很快能入门，所以误以为集中时间学习效率更高，其实这是假象。虽然集中时间学习可以在短期内快速地获得收益，但是遗忘速度非常快，长期收益率非常低。而间歇性学习虽然短期收益小，但是从长期来看收益却很大。

技术人员在学习一门新技术时可以先明确知识重点，梳理出全局知识点结构，例如，学习一门新的编程语言要先梳理出新编程语言的语法、数据类型、运算符、条件语句、循环结构、异常处理、集合操作等，对这些重点知识深入理解，反复学习增加记忆，很快就能入门。此外，为了检验记忆的效果还可以做一些针对性的练习，对遗忘的知识点重新梳理记忆，还需要把学到的知识尽快应用到实践中，解决实际问题，这样才能加深记忆。

学习不是一件轻松的事情，通常需要我们逼一逼自己，克服自身的一些弱点，着眼于未来，学会运用科学的方法，才能快速成长和进步。

如果团队坚持反思性学习和间歇性学习，就可以发生非常大的改变，但对于学习这件事，最重要的还是执行力，把知识快速转化为技能，这个过程虽不易，但如果坚持下来，效果会让人惊讶。

技术团队管理者要以身作则，引导团队坚持学习，并教会团队一套学习方法。每个人一生的时间是有限的，如果能比别人更懂得如何学习，更高效地获取知识，那么收益是非常可观的。

2.3.2 思考能力

人的日常行为中的很大一部分是习惯性地靠直觉的，只有很少一部分行为是经过逻辑思考的，这和人类的进化有很大的关系，逻辑思维这项能力进化之后的时间短，还没有形成本能，你回想下自己的工作，写代码是不是很多时候是在无意识下完成的。对于重复性的工作，大脑会把这个过程强化成惯性动作，大脑一旦熟悉这个惯性动作，就会释放出来，不再进行思考，因为大脑日常要处理的重复性工作非常多，这样做会减少很多负担。最能形容这个过程的，是射击——有意瞄准，无意击发。

放在思维训练上也是同样的道理，平时刻意加强思维训练，直至变成大脑无意击发的动作，在技术团队的思维训练过程中，技术团队管理者要帮助团队成员多练就独立思考能力和技术方案输出这两件事情。

1. 练就独立思考能力

互联网技术发展日新月异，技术人员每天要接触大量的技术栈和框架，尤其是技术方案选型，因为最终会对项目产生深远影响，所以要通过进行大量调研和测试才能做决策。这背后的决策过程体现了逻辑思考能力、业务理解能力，例如以下这些问题。

（1）极大地提升服务性能一定要做服务拆分吗？

（2）一致性、可用性和容错性这三者是否可以兼得？

（3）如果预料到业务快速发展，那么早期应该先做分布式架构开发还是先上线一个单体应用？

（4）两个技术人员提出了不同的性能优化方案，每个方案都有可行之处，技术团队管理者该如何判断和决策呢？

（5）业务人员提出紧急的需求，如何辨别真伪，从而找到对方核心的需求点？

上面的问题你可能都遇到过，也曾思考过，似乎每个问题的答案都不是很容易给出，无论如何回答都有合理性，这时就需要独立思考能力。

缺乏独立思考能力的人没有主见和判断能力，不懂得如何分析和思考，遇到问题常常茫然无措。而具有独立思考能力的人，会带着怀疑和批判的眼光看待问题，会对大量的信息进行过滤和筛选，并向上追溯，找到信息的出处和真正的用意，直到真正说服自己。

要练就出独立思考能力，就需要有信息的获取和分析能力。如图 2-8 所示。

图 2-8　信息处理过程

信息获取非常关键，看得多了，认知能力自然就会提高，这个过程需要进行大量的阅读并和行业专家交流，从不同的渠道获得高价值信息。

要具有分析能力则需要有一套思维模型，把获取的海量信息在思维模型漏斗中过滤一遍，这个漏斗模型的建立首先需要平时对问题溯源，多问几个为什么，直到找到问题的源头；其次，要会找问题的共性，通过之前的知识和认知来解决类似的问题。

很多技术专家在做 bug 排查时，非常短的时间就可以找到代码的问题，他们之所以比普通人能更快地找到问题，是因为他们的大脑里有一套模型的框架结构，看完代码后他们会把代码快速抽象成框架结构，然后快速地与自己大脑中的模型框架结构比对，找出两个框架结构的差异，这个差异大概率就是代码出现问题的根源。

有了足够的知识储备和思考模型，才能有独特的看问题的角度，才有可能给出客观中立的评价，从获取信息海量再到分析这个过程不易，有时甚至逆向而行，但成长路上从来都不会轻松，这个过程很漫长，也恰恰因为过程漫长，持续践行才更有价值。

2. 技术方案输出

技术团队管理者组织团队定期做技术方案的讨论、选型和 PK 是训练技术人员逻辑思考能力的一种非常高效的方式，也是学习和实战的综合演练。通过输出方案可以检测知识存量、思考力和解决问题的能力，知识就是在思考到实践的过程中产生的，通过实践可以帮助团队具有更强的思考力。

所以对技术人员来讲，想要快速地从问题中找到答案，就需要通过技术方案的输出来进行刻意的训练，并形成习惯和条件反射。具有了大量知识储备和很强的逻辑能力，面对难题时就会游刃有余。

对于技术方案的输出，要从 3 个维度评估其价值，分别是能够解决问题、执行成本低和数据指标合理。

（1）**能够解决问题**：从遇到的实际问题出发，围绕问题制定技术方案，确保最终能从根本上解决这个问题，解决问题是制定技术方案的初衷。

（2）**执行成本低**：技术方案不仅要能解决实际问题，还要确保技术方案执行的成本低，这是技术方案是否可落地的一个关键指标，落地成本高或无法落地的技术方案基本没有价值。

（3）**数据指标合理**：技术方案落地后，系统运行要稳定，各项运行的数据指标要在合理的范围内。

为了输出高价值的技术方案，还需要对技术方案的认识和思考更加深入，把技术融入业务，转换成使用者的身份运用结构化的思维方式进行思考，每次技术方案实施后，团队还需要进行及时的复盘和总结。

能力提升是后天习得的，需要技术团队管理者有一套训练方法，并帮助团队设定成长路径，以此提升工程师的批判性思维，并让他们认可和践行。

2.4 小结

- 完善的招聘体系可以提高招聘效率，还能让招聘工作落实到人。招聘体系的搭建包括：人才分析、人才获取、人才考察和人才任用这四个部分。
- 简历筛选环节主要是淘汰不合格简历，比对留下的合格简历，找出简历中的亮点和优势，亮点和优势的比对项包括年龄、毕业院校、个人经历、专业技能、项目、性别、跳槽频率、求职意向、薪资要求、职位变化、待业时长等。
- 通过设计开放性的问题引导求职者给出答案，在求职者回答的过程中，面试官要关注求职者对问题的细节表述，可以据此来预测未来的行为及岗位匹配度。
- 面试是一个动态匹配过程，双方都在寻找对方和自己需求的匹配点，双方应该更多地找亮点而非不足，有效提问并挖掘出对方的关键信息就显得非常重要。
- 技术团队管理者需要提升技术人员的学习能力和反思能力，这两项能力决定了团队成员的成长速度和整个团队的工作效率。

第3章 文化塑造

团队成员之间高效沟通的前提是坦诚。技术团队管理者如何能让团队成员之间彼此坦诚相待，每个人都守一个“诚”字呢？

每个技术团队管理者都知道建立学习型组织的重要性，那么如何才能建立学习型组织，营造轻松的学习氛围，帮助团队成员持续学习和分享知识呢？

复盘可以有效地提升团队产出，团队成员群策群力回顾过程、剖析问题和总结经验，才能更有效地对症下药。一个团队复盘的能力决定团队的成长速度和协作效率，那么如何实现一场高质量的复盘呢？

技术团队管理者如果在工作中从未失败过，那么大概率是在工作岗位上并未做出成绩。日常大量简单重复的工作会让技术团队管理者丧失试错和变革的勇气，那么如果想在工作中无惧失败，不断试错，面对失败时需要有哪些策略呢？

一个团队中最好有敢发出不同声音的人，不同的声音能帮助技术团队管理者更谨慎地处理问题，但是面对不同的声音，技术团队管理者又该如何考量其价值呢？

技术人员大部分时间都在和机器打交道，因为他们技术上的成长和突破需要花费大量的时间潜心研究，沟通的时间少了，久而久之就会变得沉闷。技术团队管理者如何才能让团队摆脱沉闷的氛围，打造出优秀的团队文化呢？

你可能觉得团队文化、价值观这样的概念必须等到团队达到一定规模时才能提上日程。毕竟，一谈文化，很多人就会认为这应该是大厂和大团队做的事，小团队不需要刻意塑造文化。其实团队文化与团队规模并没有关系，再小的企业也需要塑造自己的文化，因为文化可以达成团队潜在行为准则，从而有效地降低管理成本。

团队文化是团队协作中形成的一种潜意识文化，是团队观念和持续践行的结果，它存在于团队成员的心里，融入日常的点点滴滴，可以有效地统一团队意识，管理团队情绪，约束团队行为，提高团队效率，它可能有缺陷，但每个团队的文化却是量身定制的。文化践行的过程中，需要技术团队管理者有很强的感染力和执行力，带领团队脚踏实地地做好每一个环节，把细节落到实处，让文化能够刻在团队成员心里、落实在行动中，持续推动团队良性发展，直至变成团队的工作习惯和做事准则。

那么，作为技术团队管理者如何才能有效地打造优秀的团队文化呢？

3.1　守一个“诚”字

曾国藩早年带兵打仗时，要求军中每一个人都得守一个“诚”字。对军队的主帅来讲，阅人无数，知道部下有太多的品质可以历练，为何在军队中要强抓“坦诚”的品质，让每一个人都守一个“诚”字呢？

我们知道，高效的沟通可以有效地提升工作效率，而高效沟通的前提是坦诚。如果团队成员之间彼此坦诚相待，团队的协作将会顺畅很多。坦诚可以消除猜忌增加信任，有了信任团队才会有归属感。

技术团队管理者在工作中塑造团队坦诚文化，可以从实事求是、树立榜样、不包庇错误和学会变通这 4 个方面入手，如图 3-1 所示。

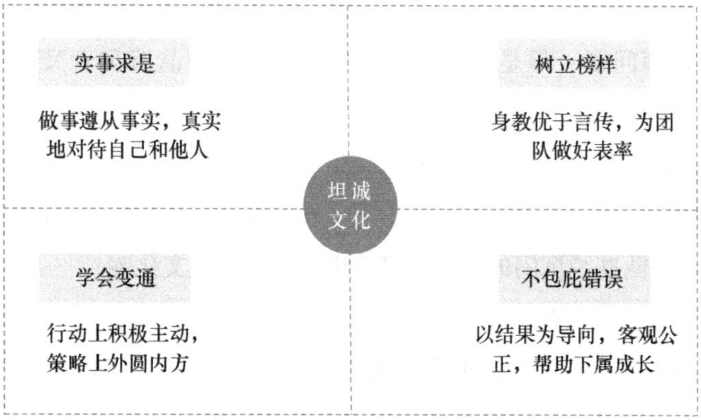

图 3-1　塑造坦诚文化细节

3.1.1 实事求是

技术团队管理者都非常想知道团队成员最真实的想法。为了能让团队成员真实地表达想法，自身在团队管理过程中应遵从实事求是的原则，日常更要表里如一，言行一致。

在日常项目开发中，技术团队管理者要合理评估团队成员的技术能力，为他们安排合适的工作，不强迫团队成员做超出其能力范围的事；“实事求是”地尊重技术，评估方案，通过技术方案的 PK，让团队成员学习到不同的设计思路和技术实现。

在平时的沟通中，技术团队管理者要虚心接受团队成员提出的建议，虽然可能在某些方面，技术团队管理者比团队成员优秀很多，团队成员提的建议思考不足，有的甚至不切实际而根本无法采纳，但能提建议的伙伴都是积极思考和参与贡献的。接受建议也体现着个人的修养，是一种成熟的表现，这种表现会让团队成员更“实事求是”看待自己和他人身上的优缺点。

技术团队管理者要遵从内心最真实的想法，“实事求是”地表达，做任何事情都要遵从事实，理性地进行分析和判断，说老实话、办靠谱事、做实在人，这些行为可以有效地提高团队的合作精神，让大家真实地对待自己和他人。

3.1.2 树立榜样

技术团队管理者平时要以身作则做团队的表率，身教优于言传。首先，做人、做事要有原则和底线，建立自己的行为准则，才会得到别人的尊重；其次，要主动承担团队重要责任，深入一线解决技术难点，带领团队披荆斩棘，而不是在后方“指点江山”；再次，不八卦别人的工作和生活，要做到不私下讨论团队成员的优缺点，不分享别人的私密事情；最后，委婉地指出团队成员的问题，指出别人的问题也是一种坦诚的表现，对方当时心理上可能无法接受，但是只要是真心为对方好，对方迟早会理解。

以上技术团队管理者的这些行为，团队成员都会看在眼里，并会效仿和付诸到行动中。工作中需要技术团队管理者为团队做好表率，技术团队管理者的品质很大程度上影响了团队的品质，技术团队管理者的一个承诺、一次沟通、一个眼神、一个肯定，都会影响团队的所有成员，并决定团队的风格和走向。

3.1.3 不包庇错误

提到“包庇”，我们很容易和“包容”混淆，这两个词虽然差一个字，但意思却差很多，“包容”是指团队成员经验或能力不足要给予理解，“包庇”是指当团队成员犯了严重错误而不制止。差别在于面对不同的错误，技术团队管理者应采取不同的做法。

对于团队成员因能力或经验不足而导致的错误基本都是无心之过，有成长和改进的余地，可以予以宽容和理解，而对于团队成员人为导致的错误，技术团队管理者要敢于指出和批评。例如，由于缺乏责任心导致的线上事故，要让对方反思原因，哪些地方做得不够好，需要加强和提高，让对方知道自己造成的错误比较严重。这些坦诚的告诫，可能暂时让对方很难接受，但以后对方会慢慢理解并接受。技术团队管理者不仅需要表扬和激励团队成员，还需要批评和指正团队成员的错误，团队成员犯错误后予以改正才能快速成长。不包庇错误，客观公正帮助对方成长，避免团队其他成员犯同样的错误。

3.1.4 学会变通

对于不包庇错误，敢于批评和指正，虽然出发点和初心是好的，但这个过程难免会伤害别人，所以需要技术团队管理者适当变通一下，学会一些技巧来处理这些事情。学会变通并不等于不坦诚，只要能指正出团队成员的错误，让下属欣然接受，目的就达到了。技术团队管理者对于“变通”处理团队成员错误的事情上，要掌握下面几个要点。

首先，技术团队管理者要对事不对人，对于一个问题的最好的解决方法就是终止问题。技术团队管理者在和团队成员沟通中不能带有指责和谩骂，更不需要让团队成员明辨是非对错，因为关于是非对错其实每个人心里都有一杆秤，并不需要告诉他们，技术团队管理者只需要告诉他们问题所在，应该怎么做，如何做才能更加有效率。从结果出发，帮助他们成长，才能更让人信服。

其次，一个好的沟通者也是一个好的引导者，技术团队管理者对人对事虽然要开诚布公，但还是要学会一些沟通技巧，例如：提意见要考虑时机，对于团队成员暂时无法理解和接受的，可以考虑多次沟通。

最后，技术团队管理者对于和团队成员的沟通以及自己的行动都要积极主动，策略上要“外圆（圆润）内方（方法）”。对外追求圆润豁达，掌握分寸，对内要有原则，讲方法。这样在沟通中才能既提高效率，又让人信服。

团队是人的组织，每个人性格、禀赋各异，技术团队管理者要学会变通，才能让团队成员欣然接受沟通中提到的问题，并不断改正和成长。

3.2 构建学习型组织

技术团队管理者把自己的团队构建成学习型组织，可以有效地激发团队的创造性思维，培养团队的学习氛围，帮助团队成员持续学习和分享知识。而分享又是一种非常有效的知识整合的方式，是对分享者所学知识的实战演练。工作中技术团队管理者要注重团队成员的知识共享。

对于构建学习型组织，首要就是要营造轻松的学习氛围，让团队成员爱上学习和分享。常用的方法包括建设书香团队、wiki 知识系统建设、分享会、季度总结等。

3.2.1 建设书香团队

想拥有一份满意的工作和较高的薪酬是大多数员工的想法，但前提是需要拥有丰富的知识和专业的技能，更需要努力工作和持续不断学习。其实很多员工并不能长期坚持，技术团队管理者不能短视地认为员工只要能胜任目前工作，踏实干活就行，而要从长远考虑，帮助团队成员持续地学习和成长起来，这样整体的战斗力才能提升。

研发部门是一个技术型团队，技术的升级迭代速度非常快，需要技术人员不断学习新知识，技术团队管理者组织团队通过读书分享的方式帮助团队成员学习和成长是不错的办法。对于团队书籍建设和分享，可以围绕下面 8 个方面进行。

（1）**按类别购买**。每年定期采购一批图书，由团队成员申请需要购买的书单，最后整理统计出排名靠前的书，指定专人购买，记录下购买图书清单和花费账单。

（2）**建立图书角**。购买书架可以放在工位一角，按类别对书籍进行归类，借阅书籍及时登记，方便追踪和查找，归还时要附带感想与收获，方便其他人学习和成长。

（3）**奖励与乐捐**。对于当月表现优秀的团队成员或者寿星可以报销 3 本图书。对于开会迟到、尽职不力、导致线上故障、工作拖延等团队成员需要乐捐图书，额度自定。

（4）**购买范围**。指定购买图书范围包括前端、后端、测试、运维、产品、运营、市场、方法工具、个人精进等，但不能包括小说等其他与工作和成长不相关的图书。

（5）**书籍捐赠**。可以鼓励团队成员捐赠和交换书籍，把自己的书籍捐赠到图书角，分享给需要学习的团队成员，每一次捐赠和交换都是知识的传递。

（6）**提交笔记**。每月要求团队成员提交一份读书笔记，通过读书笔记可以看出团队成员的自控力，另外通过读书笔记的内容也可以看出团队成员的学习能力和理解能力。

（7）**线下分享**。对优秀的读书笔记给予奖励，同时组织线下分享。分享读书收获不仅能传递知识和快乐，分享者本人还能受益。定期组织团队分享读后感，形式不必过于正式，可用诙谐幽默的语言分享读书收获。

（8）**加入考核**。前期可以把读书笔记的质量纳入绩效考核，让团队养成读书的习惯，对于不读书、笔记质量较差的团队成员可以要求乐捐。

在坚持读书并且持续分享这件事情上，其实很多人都是有意愿的，但中途往往会放弃，需要有人带领和引导才能够坚持下来。在技术团队之外，我也组建过读书社群，效果也都还不错。整个社群的线上管理也是采用管理技术团队的形式，在线上招募兼职的管理员、运营官、整理官、情感师和知识官对社群进行运营和管理，群内不定期进行好书推荐、达人分享、读书笔记分享和主题问题讨论。在没有任何商业目的的情况下，参加读书社群可以激励自己并且帮助他人共同成长。

3.2.2　wiki 知识系统建设

建立一套 wiki 知识系统来收集团队工作中积累的知识，把工作中涉及的文档包括但不限于产品需求、技术方案、测试用例、经验总结、分享经验、流程规范等统一在 wiki 知识系统中编写和管理，有利于团队学习和共享，更便于培训和总结。总体来说，构建 wiki 知识系统有如下好处。

（1）可以对工作中的知识和经验进行汇总和集中管理，不会造成信息的丢失，同时更方便团队成员查找和系统性的阅读。

（2）wiki 知识系统自带多人协作文档，可以支持多人同时在线编写文档，便于团队成员共同记录和维护工作成果和有价值的知识。

（3）wiki 知识系统对文档统一管理，可以清晰统计知识文档内容的数量、阅读量和评论量，通过浏览痕迹能快速找到有价值和重要的知识。

（4）团队成员在工作中遇到问题时，可查阅 wiki 知识系统的文档和评论，从而快速找到解决问题的方法，提升了团队解决问题的效率。

（5）wiki 知识系统打破了团队的地域限制，内容在线集中管理，实时同步和共享，对于异地的团队协作更加方便高效。

（6）对于团队成员的离职不会造成数据和信息的丢失，离职人员工作中的经验和知识会永久存储在 wiki 知识系统中。

（7）对于团队成员的工作成果可以公开记录到 wiki 知识系统中，方便团队所有人员查看，使考核更加开放透明。

（8）wiki 知识系统自带的插件库较多，开发和效率相关的插件就能满足日常多样化的办公需求。

目前 wiki 知识系统的开源项目很多，技术团队管理者可以调研后自行部署实现对 wiki 知识系统的管理，但对于 wiki 知识系统的运营，就需要建立完善的知识贡献机制和文化，技术团队管理者可以在团队中设立“知识整理官”的角色，专门负责知识收集、整理和维护工作。定期对知识内容诊断和评优，在实践中不断优化和提升知识质量，优秀的机制和文化才能推动 wiki 知识系统内容的生产。

讲一个我自己的例子，几年前，我带团队遇到过这样一个问题，团队信息登记过于分散，团队成员每个人平时整理和总结的知识或经验分散在各处，不便于团队成员间交流学习，我当时便引入了一套 wiki 知识系统，系统推广初期存在一些困难，团队成员不习惯使用这个系统。

为了让团队成员坚持使用 wiki 知识系统，养成及时整理和记录的习惯，我对每一项登记的知识内容进行点评，并分享给团队中的每个成员。除了经验和总结的内容，我还要求团队把必要的工作内容登记到 wiki 知识系统中，我会及时检查工作质量，通过 wiki 知识系统进行工作监督，团队通过监督和共享的方式很快就养成了使用 wiki 知识系统的习惯。

后面为了激励团队产出高质量的知识内容，我建立了激励创新机制，拿出部门创新经费，不定期开展知识内容评优，对那些高价值的知识内容给予口头表扬和物质奖励。同时，优化内部的内容生产过程，对知识内容进行检查，建立一套制度和规范来确保质量。对于有价值的成果，尽快地推广到团队中并应用到实际的项目中。

这套方法很有效，我带过的几个团队一直都在用，推广很顺利，你也可以试试看。

3.2.3　分享会

技术团队做好技术分享能快速提高整个团队的技术水平，但对于分享，很多团队成员是有抵触心理的，担心分享的干货少，参与者没有兴趣。其实分享这件事能帮助分享者快速获取知识，因为分享者为了做好分享，分享前在精心地准备分享内容的过程中就会大量查阅资料，进行系统地思考和知识学习，这个驱动力能让分享者学习效率倍增。

为了能让团队乐于分享和坚持分享，技术团队管理者可以定期邀请团队外的技术专家或其他部门人员进行分享，这样交替分享既有新鲜感，又能让团队重视分享，从而对分享更加感兴趣。

为了增强分享的仪式感，每周可以设定固定的分享时间，分享的形式和内容不限，可以是个人经验分享、课程培训、工作成果、项目复盘等，工作成果的内容需以数据化呈现，数据包括但不限于性能响应时间、客户数据、热点分析等，围绕团队工作相关内容进行分享。分享的形式可以不限，能让团队有所收获、简单有趣即可。

鼓励团队成员通过参与分享来助力更多成长。可以把团队的绩效考核分为责任、价值和成长 3 个部分。责任，是自己的本职工作，而价值和成长，则体现在帮助他人成长和自身学习成长这两部分，用来激励更多的人参与到分享中。

做一场好的内部分享需要精心地准备和策划，分享前需要从主题、策划、讲稿、演练、互动这 5 个方面入手，如图 3-2 所示。

（1）**主题**。首先需要确定分享的主题，即想要表达什么核心观点，主题要简单清晰，这样便于围绕主题准备分享内容。

（2）**策划**。内容策划是非常重要的一个环节。首先，需要考虑听众的接受能力和感兴趣的知识点，技术人员表面过于沉闷，其实内心高傲、有想法，分享内容要有干货和价值；其次，在分享中可以加入一些“段子”和“梗”，使内容和形式生动有趣，让听众感兴趣，愿意听下去，分享的内容要能从不同的角度阐述，让听众有更深刻的体会，同时每分享一条核心方法或认知，在内容设计上要用 3～5 个案例去讲述。

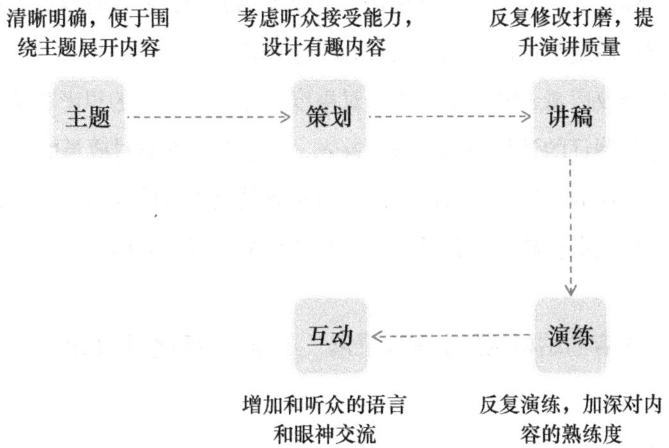

图 3-2　做好分享的 5 个方面

（3）讲稿。讲稿对于分享来说非常重要，分享前一定要准备好演讲稿，并反复修改打磨，讲稿的质量在很大程度上会提升分享者的信心，通过讲稿的内容也可以确定分享的时间。

（4）演练。准备好讲稿要反复演练，通过反复演练加深自己对内容的熟练度，同时也能提升表达能力，弥补缺陷与不足，减少慌乱和紧张并加强控场能力。

（5）互动。演讲时要和听众做好互动，这样可以拉近演讲者和听众的距离，减少演讲者自身的紧张感，通过语言和眼神交流，还能在很大程度上提升分享质量，给演讲加分。互动环节的内容，可以提前在写稿时设置好。

团队成员坚持分享能帮助团队持续成长，技术团队管理者要加强对内部分享的重视，要求分享的内容要有价值、有针对性和实用性，对于优秀的分享者可以参与外部分享或推荐给企业做全员分享。

3.2.4　季度总结

团队的成长需要不断地总结过去和思考未来，从循环往复的工作中停下来，短暂驻足总结得失，积聚力量重新起航，这样更容易看清方向。对于季度的反思和总结需要团队成员找一个不被打扰的地方，花 2～3 小时理清思绪，深入思考后制定目标。

对于季度总结的内容可以使用 wiki 知识系统进行记录，总结范围是上季度部门负责的主要工作内容，要求用数据说话，有思考和分析，汇报时结论先行，控制好汇报时间。季度总结会议的时间一般定在下个季度的第一周。

为了确保会议质量，需要团队成员对季度工作进行深入的思考和总结，会前主管对总结内容和制订的计划进行审核。首先，各小组主管要对成员的总结内容进行评审；其次，主管单独和组员沟通，告知团队成员上季度的优点与不足；再次，各小组内进行总结复盘；最后，部门负责人及各小组主管共同确定部门季度目标，并定终稿。

季度会议内容的结构包括上季度进展、工作总结和本季度计划 3 个部分，如图 3-3 所示。

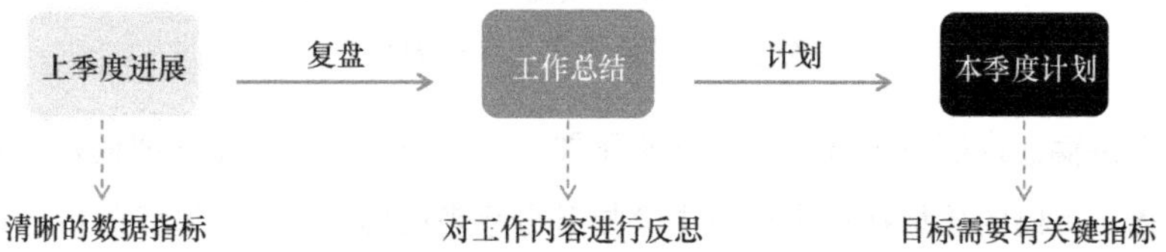

图 3-3　季度会议内容

（1）**上季度进展**。上季度完成了哪些工作，要包含具体的工作内容、执行情况、数据指标、功能模块、技术方案等。

（2）**工作总结**。对上个季度的工作内容进行思考和总结，包括预期和目标的实现差异、影响差异的关键问题、目标执行中的阻碍、工作中的优点与不足以及改善的行动计划，对技术、业务、流程、制度的困惑或建议，值得推广的方法或经验等。

（3）**本季度计划**。本季度要做的主要工作包括技术要求、业务目标、团队成员成长等。制定的目标需要有关键指标和行动计划。

举行季度会议的目的是改善不足、聚焦目标、提升效能，对于季度总结要说真话，敢于面对自身的问题与不足，这样季度总结会议才不会流于形式。

3.3 在复盘中成长

复盘源于围棋，指围棋手双方对弈结束后，双方会复演刚才下棋的经过，分析刚才对局中的亮点与不足。围棋手就是靠大量的复盘来提升技能，通过不断下棋、复盘、再下棋，日复一日、年复一年地用这套简单有效的方法训练。

3.3.1 复盘的价值

我们通过不断实践获取知识和经验，但实践中难免要犯很多错误，每一次犯错都意味着一次成长机会，所以对实践过的事情进行复盘可以帮助我们更快速地成长。

柳传志曾经说过：“在这些年的管理工作和自我成长中，复盘是最令他受益的工具之一。”复盘可以有效地帮助个人提升能力，提炼成长方法和做事经验，优化和改进执行动作，指导实践，形成良性循环。

对于失败和成功的项目都要进行复盘，复盘可以有效地提高团队产出，团队成员群策群力剖析问题、制订方案，更容易对症下药，团队复盘的能力决定团队的成长速度和协作效率。

技术团队管理者在日常的工作中就要增加团队的复盘意识，通过一些问题提升团队的反思和总结能力，例如，做过项目的不足之处有哪些？如何改进？项目执行中的关键点有哪些？如果从头再来一次，如何能做得更好？一个有复盘意识的人是一个喜欢反思的人，因为复盘的本质是思之再思的过程，也是团队能力提升的关键策略。

通过复盘也可以知道团队的优势和劣势，便于对项目风险进行评估，还可以磨炼团队成员的细节执行能力，简单来讲，复盘可以弱化劣势，强化优势，明确团队的价值和目标。

3.3.2 复盘的关键要素

关于复盘，每个技术团队可能都做过，但效果可能并不理想，其原因是没有掌握复盘的关键点，或是只把复盘当成一种形式。为了能有效地进行复盘，需要注意以下 6 点。

（1）非追究责任，而是总结经验。复盘不是追究责任，而是优化路径、总结经验，让团队看到关键问题，提升团队能力。

（2）非事件陈述，而是问题拆解。复盘不只是对事件的陈述，更是对事件的总结、拆解、分析、改进和提炼的过程。

（3）非主观评判，而是理性分析。复盘过程中不能随意地批评或表扬，要避免陷入主观情绪，尊重基本规律，不以经验判断，不被别人发言诱导，尊重事实、独立思考和理性分析。

（4）非逃避现实，而是自我剖析。复盘是一次残酷的自我剖析，需要有勇气面对犯下的过错，在基于事实的回顾中不牵强解释，正视做过的事情。这样可以清楚地看到"病症"，可以避免犯同样的错误。

（5）非坐井观天，而是全局思考。复盘时要以局外人的身份看待事件的经过，全局地思考和分析，不因局部的问题而快速下定论。

（6）非流于形式，而是指导实践。复盘按照流程严格执行，复盘的内容要保存到 wiki 知识系统中，并把总结的经验应用到实践中。

3.3.3　复盘的步骤

对于同样的一件事，由于自身的知识储备、认知水平、境遇的不同，不同人看到的问题以及看问题的角度都会不同。为了能让团队的思考都聚焦到核心的问题上，我们来看看复盘的 4 个步骤，如图 3-4 所示。

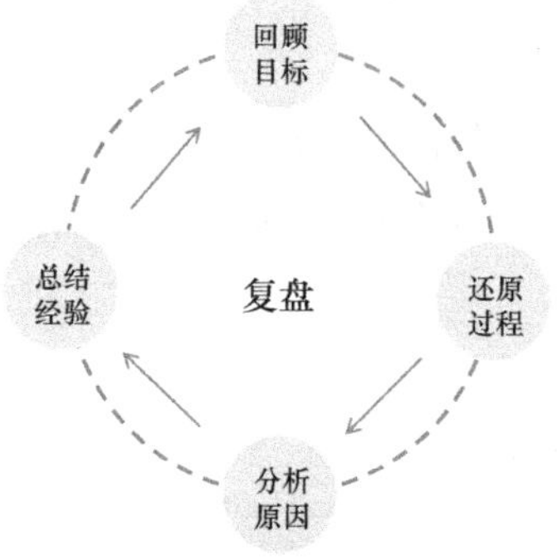

图 3-4　复盘的 4 个步骤

（1）**回顾目标**：对目标进行回顾，将当初制定的目标和实际结果进行比对和评估，找出具体的差异和问题。

（2）**还原过程**：还原执行过程，分析当时的操作流程和执行细节，找到执行中的关键影响因素，通过对比和分析数据，找出根本问题。

（3）**分析原因**：通过分析执行中的关键影响因素和数据，对问题进行反思，找到问题的根源，避免重蹈覆辙。

（4）**总结经验**：把执行中的经验总结出来，应用到工作中，对不足之处制订改进计划。

1. 回顾目标

复盘的第一步是目标回顾，在这一环节中我们要从源头分析原因，从结果推导当初目标设定的合理性。评估预期目标和执行结果之间的差异，这个环节中的思考点包括交付结果的质量、设定的目标和实际结果的差异、差异点的产生原因和关键因素和目标设定的依据。

（1）**分析**。思考目标设定的原因、目标的替代方案、完成目标的关键点、目标的决策过程、衡量目标的关键指标、目标和团队能力的匹配度、团队完成目标的信心、目标的完成结果、目标失败的后果和目标失败的挽救方案等。

（2）**输出**。评估的结果需要整理出来，用于定期检查和修正目标，如图 3-5 所示。对于目标回顾评估需要输出目标和结果的差异点及问题、目标制定和评估的注意事项以及目标评估和资源投入的依据。

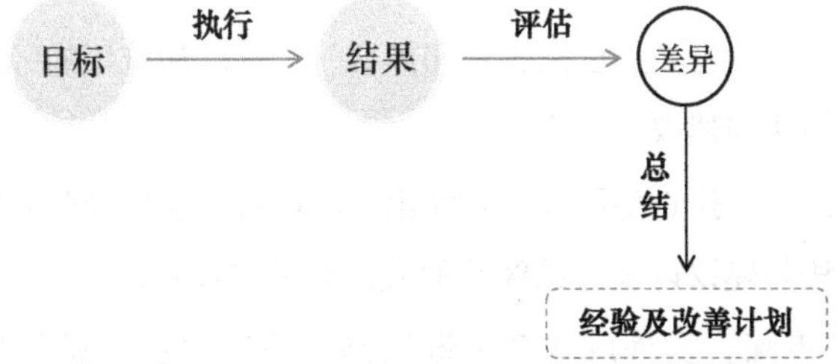

图 3-5 目标回顾评估

2. 还原过程

我们知道三分战略，七分执行，执行是目标成败的关键。对目标执行评估中的思考点包括里程碑节点设定、过程的控制和指导、风险控制、执行各项数据指标、执行细节完成情况、优化点和流程改善点。

（1）**分析**。分析执行细节，包括执行过程中的流程控制、影响因素、控制策略、投入资源、沟通机制、目标认同度、能力要求、团队士气和执行效率。

（2）**输出**。通过对执行过程的复盘要找到影响因素，深究背后的原因。对执行环节的复盘需要输出的内容包括执行细节和注意事项、执行影响因素分析和梳理以及合理的流程规范。

3. 分析原因

这一步需要我们从行动中抽离出来，保持客观中立，深入地思考行动和目标，对已经发现问题背后的原因进行思考。

（1）**分析**。深入思考点包括目标的考量因素、职责划分（人人有责其实就是无人担责）、团队认知和做事方式的潜在风险、快速纠错机制以及方案的落实和推进策略。

（2）**输出**。深入思考，透过现象看到问题背后的本质，深入思考各环节需要输出的内容包括项目偶然性和必然性分析、项目主观和客观的影响因素以及优化和推进计划。

4. 总结经验

对目标制定和执行过程进行归纳和分析，提炼出经验和心得，找出不足之处，便于更好地开展后续工作。

（1）**分析**。总结的经验点包括收获和体会、可推广和应用的经验、可复制的方法、改进策略、想法与建议。

（2）**输出**。总结经验心得环节需要输出 4 项内容，包括经验心得、关键流程的优化点、新的想法与建议以及总结经验的应用与推广计划。

复盘的 4 个步骤，提炼成 4 个关键词是“看”“找”“思”“用”，如图 3-6 所示。

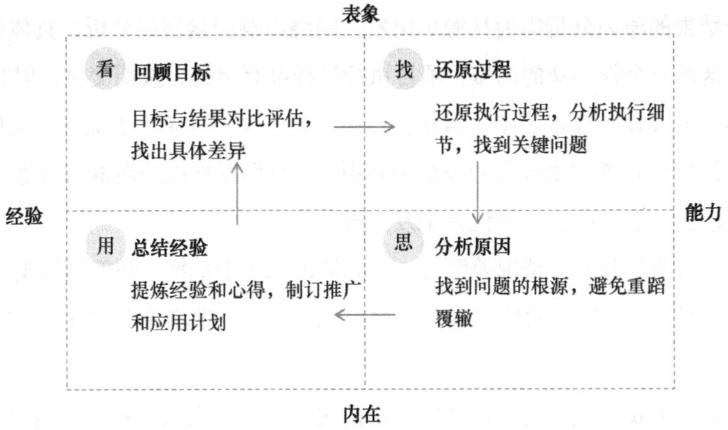

图 3-6 复盘的 4 个步骤的关键词

3.3.4 复盘案例

下面以一个线上电商平台的故障事件为例，讲述一下复盘流程和步骤。

1. 事件背景及过程

社交电商平台在活动推广期间，各个页面访问非常慢，平均耗时 10 秒，平台几乎处于瘫痪状态。发现问题后，技术人员马上进行问题定位，通过对网络带宽、RDS、磁盘、内存、CPU 筛查后，初步判定是 MySQL 的问题，进一步排查 Mysql 慢日志，最终确认问题是 Mysql 进程阻塞，导致 CPU 负载飙升。具体过程如下。

（1）10 点 25 分，接到运营人员反馈，系统反应慢，运维人员查看监控系统后，发现大批流量涌入，商城几乎处于瘫痪状态，所有页面打开缓慢，无法完成下单。

（2）10 点 27 分，运维人员和服务端技术人员排查原因，定位原因是数据库出现瓶颈。

（3）10 点 31 分，制订应对方案，临时新增 3 台数据库只读的实例。

（4）10 点 35 分，和运营人员确认应急方案并购买 3 台数据库只读实例。

（5）10 点 43 分，实例新增后，问题得到了解决。

2. 分析原因

社交电商平台在大流量涌入的情况下，几乎处于瘫痪状态，这是一个结果，对形成这个结果的原因分析需要从源头出发，围绕影响因素逐层分析，具体如下：

（1）这是一个很小众的商城，项目执行过程没有阻碍，按期交付，但并没有进行严格的方案设计和技术评审。当初预设用户量较少，并未考虑流量较大的情况，平台是单体应用且查询量较大的表缺失索引，这是引发性能问题的直接原因，因日常访问量较少，监控中流程峰值并未发生异常。

（2）预估流量和实际情况差距较大，流量评估过于草率，缺乏数据支撑，项目风险评估不足，且未制定故障的应急方案，同时项目上线前并未进行压测以确定平台的性能瓶颈。

（3）运营人员通过前几次活动的流量情况，预估本次流量较小，活动推广前，运营人员并未提前通知技术人员做好应急准备，同时项目负责人也脱离业务，缺少和运营人员的沟通，不能随着业务的发展及时进行技术升级。

（4）团队对系统监视和网络监视意识薄弱，项目中并未接入监控系统以在流量达到设置的阈值时发出警报，从而让技术人员提前做好应急方案，确保服务器的安全运行。

（5）运维人员排查思路清晰，速度较快，说明对项目的风险点是有了解的，但未在项目正常运行期间及时消除风险，导致线上的问题最终爆发，团队风险意识较弱，流程执行不够严谨。

3. 总结经验

分析完导致线上事故的原因，需要对不当之处进行改进，思考应该采取的措施并得出结论。

（1）再小的项目也能体现责任，对于目标的制定和执行，流程要严格监控。

（2）运营人员需提前一周告知活动事项，便于技术人员制定应对方案。

（3）重视性能优化，压测和代码评审是每个项目上线前的必要环节。

（4）监控各环节数据，每周和运营人员沟通业务进展。

（5）对于线上运营的所有项目，运营人员要做好风险控制，因可预知或可控风险导致的线上故障，运维人员要负主要责任。

4. 输出资料

总结的经验必须要落地执行才能产生价值，每一个复盘需要输出改进方案，并落地应用到后续的工作中。

（1）电商平台压测报告。

（2）开发流程的优化方案。

（3）上线流程改进方案。

（4）系统性能优化方案。

（5）系统架构参考标准。

（6）项目风险评估标准。

3.4 新人指南

新人加入团队后，需要快速熟悉部门业务和工作内容。此时团队需要一份新人指南清单，以帮助新人快速开展工作。要获取指南清单的每一项内容可跳转详情页，便于新人了解具体信息。新人指南清单的内容包括产品篇、账号篇、环境篇、流程篇、规范篇、制度篇、技术篇、安全篇、工具篇和经验篇。

（1）**产品指南**：项目介绍、项目进度、产品职责明细、评审规范、评审流程、版本编号规则等。

（2）**账号指南**：包括账号的申请、审批、开通、分配、使用和删除等规范。账号包括邮箱、wiki 知识系统、禅道系统、Git 代码仓库、VPN、Jenkins、服务器环境、数据库、Redis、MQ、ZK 等。

（3）**环境指南**：开发环境、测试环境、预发布环境和生产环境的使用说明及注意事项等。

（4）**流程指南**：产品设计流程、研发流程、测试流程、上线流程、服务器使用流程、禅道使用流程、复盘流程等。

（5）**规范指南**：bug 处理规范、新人培养规范、项目上线规范、Git Flow 工作规范、Git 和域名命名规范、数据库使用规范、产品需求登记规范、需求评审纪要规范、运维安全规范、技术设计规范、VPN 使用规范等。

（6）**制度指南**：周会与周报制度、产品设计制度、安全制度、代码评审制度、需求设计制度、绩效考核制度等。

（7）**技术指南**：技术栈及应用、项目结构、数据库设计说明、设计模式、技术架构说明、第三方框架应用说明等。

（8）**安全指南**：VPN 使用安全、运维安全、项目上线安全、网络安全、账号安全、系统安全等。

（9）**工具指南**：邮件、通信工具、数据库、IDE、JDK、Maven、Tomcat、抓包工具、Office、Vision 等工具的下载和使用说明。

（10）**经验指南**：分享、纪要、调研、资料、面试考察点和前沿信息等。

新人融入团队的速度靠的就是团队中点点滴滴的细节，这些细节的完善需要技术团队管理者持续思考和优化团队工作流程，才能让团队成员更有归属感。

3.5　新人访谈

新人在入职后不久需要技术团队管理者对新人进行一次访谈，了解新人对团队的感受及价值观的认识，鼓励新人说出自己的真实感受，包括工作中的问题、个人的顾虑、遇到的困难等，这些真实的表达能帮助他们更快地适应环境，解决工作中的问题，调整工作心态和规划好长期工作。访谈内容包括主要工作、工作复盘和工作计划，如图 3-7 所示。

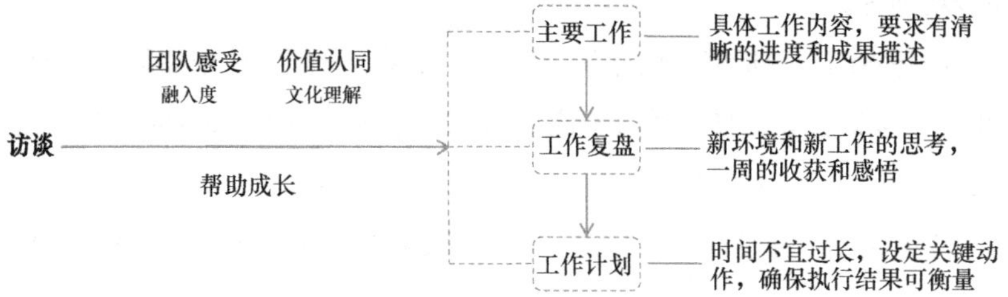

图 3-7　新人访谈的内容

首先，对新人近期参与的主要工作进行回顾，技术团队管理者要清楚新人的具体工作内容和目标，新人在沟通中要能清晰地描述工作进度和工作成果，尤其是工作成果部分，技术团队管理者要留意新人汇报的真实性，包括是否实事求是地说明成果，是否有夸大其词和隐瞒问题等。

其次，帮助新人对工作进行复盘，对新环境和新工作的思考和总结，帮助新人清楚地知道一周的收获和失误，总结经验并应用到将来的工作中。新人的工作复盘，主要围绕项目和工作两部分展开。对于项目，要考虑能力的匹配度、可能遇到的阻碍、他人协助、解决问题的思路以及项目计划等。对于工作，要考虑兴趣度、在团队中的角色、工作中的挑战、流程和制度的优化点以及未来的发展方向等。通过工作复盘，新人对团队和环境的真实感受和思考能帮助新人对团队和业务更加了解，快速解决问题，确定目标和方向。

最后，就是制订工作计划，工作计划的覆盖时间不宜过长，可以是项目的一个版本的执行周期，因为新人入职时间短，对公司和部门的业务还没有深入了解，即使做出长期规划，可能也会不切实际。时间太长，短期内很难见到效果，新人容易气馁。

工作计划要分清优先级和侧重点，执行周期内还要设定关键动作，确保执行结果可衡量，同时还要考虑执行过程中出现问题后的解决方法。

3.6 周会

周会的内容主要是对上周工作的总结，发现和解决工作中出现的问题，同步工作进展，总结工作经验，更好地帮助团队成长。

周会可以定在每周第一个工作日的上午，主要讨论工作问题、项目进度等事宜，需在 wiki 知识系统上提交会议纪要，全员可查看。每周的周会可由团队成员轮流主持，周会的主持人需要全局思考每个汇报人提出的问题后给予解答，并对每个汇报人的一周工作进行点评。这样可以锻炼每个人的换位思考能力和协调解决问题的能力。

周会的目的是同步工作进度、思考和计划。周会内容至少包括 3 部分：上周主要工作、上周工作复盘和本周工作计划。

（1）**上周主要工作**：汇报上周完成的主要工作、工作完成的基本情况、遇到的阻碍及需要协助的地方，汇报的内容要有重点，语言简洁。

（2）**上周工作复盘**：对上周工作中各项事务的思考和总结，需要整理成经验知识或操作指南，及时记录到 wiki 知识系统。

（3）**本周工作计划**：本周的主要工作，包括参与的项目、执行关键点、协调事项、跟进问题、团队协作等。

周会的时间不宜过长，要有一定的纪律，不能进行无关话题的讨论，同时需要输出周会纪要，用于确定跟进事项和整理周会内容，同时也便于追踪问题。

3.7 坦然面对失败

我们中的大多数人都害怕失败，认为失败代表自己能力不足，面对失败会选择放弃或逃避，对于曾经的失败，大脑也会有意识地选择遗忘，而只有少数优秀的人会把失败当成历练的机会，能在失败中一路成长，所以无惧失败。

失败是人生常态，而无惧失败则是一种人生态度。一个人对待失败的态度决定了他可能成为什么样的人，一个在工作中没有失败过的人是很难做出成绩的。

技术团队管理者如果在工作中一直一帆风顺，从未失败过，那么大概率是在工作岗位上也没取得过什么成绩，因为机会通常和风险并存，如果害怕失败，惧怕风险，机会自然也就会与他擦肩而过。简单重复的工作并不能使人在工作中提升能力，技术团队管理者如果没有试错和变革的勇气，就很难给公司和团队创造价值。

要想在工作中无惧失败，不断试错，并非易事，面对失败时需要有一些策略。

首先，要降低失败的成本。一件事情失败成本过高会使大多数人不敢轻易尝试，因为一旦失败，曾经的心血和付出就会付之东流，但是，如果失败成本足够低，大多数人就不会惧怕失败。

其次，要改变对失败的认识。很多组织以成败论英雄，把一个项目的成功或失败作为判断技术团队管理者的能力的标准。这种认识的存在使很多技术团队管理者自然而然选择了明哲保身，只做那些简单且不容易出错的事情。

技术团队管理者尚且如此，团队成员自然也会效仿。所以技术团队管理者不仅需要克服自身对失败的恐惧，还要鼓励团队成员不断试错，团队成员的每一次试错都是在探索和创新。

当然，鼓励团队成员试错，并不等于接受团队工作中的所有失败。对于一些程序隐患或漏测 bug 引发的线上重大事故是坚决不能接受的，要寻找失败的根源，通过提升能力、优化流程、建立规范等方式，杜绝失败再次产生。对于架构和性能优化中的逻辑遗漏导致的失败是可以接受的，不过要减小产生失败的概率。对于开发新框架、技术创新和解决难题中的失败，非但不要制止，反而应该鼓励大家多尝试，甚至给予奖励，如图 3-8 所示。

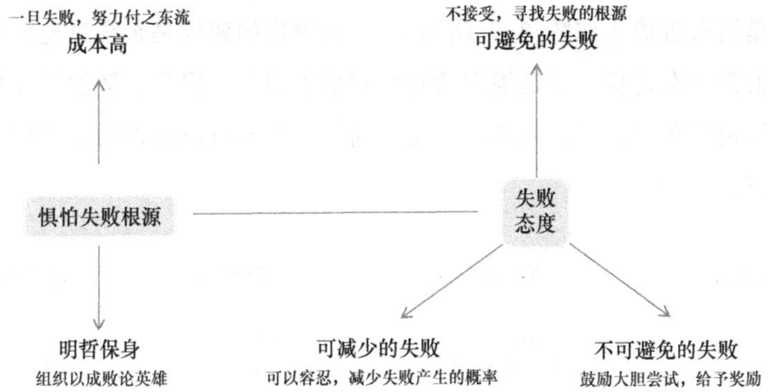

图 3-8 惧怕失败的根源与对待失败的态度

当一次失败产生，尤其是面对比较重大的问题时，技术团队管理者首先要弄清楚问题产生的原因，避免过早对问题进行定型并追究责任。技术团队管理者面对失败的一言一行都会让团队重新认识失败，应减少失败带来的困惑，提升团队面对失败的勇气。

3.8 直言不讳

想象这样一个场景，你在一个重要的项目启动大会上信誓旦旦地宣布项目规划后，突然有人站起来反对，说了一大堆对于这个项目思考不周全的地方。作为技术团队管理者，你会如何处理这个“肇事者”呢？

我想这个“肇事者”作为下属，不考虑你的感受，当众让你下不了台，你当时一定很难心平气和地接受建议，甚至难免会“秋后算账”。

大多数技术团队管理者还是喜欢和自己声音一致的员工，因为声音一致表示立场一致或对工作的支持。对于立场和自己一致、能支持自己的员工，技术团队管理者会喜欢。而对于那些有想法、敢于提意见、发出不同声音的员工，技术团队管理者却往往难以接受。

如果技术团队管理者不喜欢听不同的声音，那么团队里最终只会有一种声音，那就是技术团队管理者自己的声音。而那些能力强、有想法的员工会渐渐离开。作为一个合格的技术团队管理者，应该接受团队成员的不同声音，即使他们的建议不靠谱，也要认真聆听并告知不采纳的原因。

当然对于下属的建议并不是都靠谱，技术团队管理者可以从 4 个维度考量所提的建议是否有价值（如图 3-9 所示）：一是提出的建议是否经过充分的准备，没有调研就没有发言权；二是提出的建议对事不对人，聚焦事情的目标和结果；三是对建议进行逻辑推导，判断考虑是否周全；四是自己是否愿意尝试，推进方案落地执行。

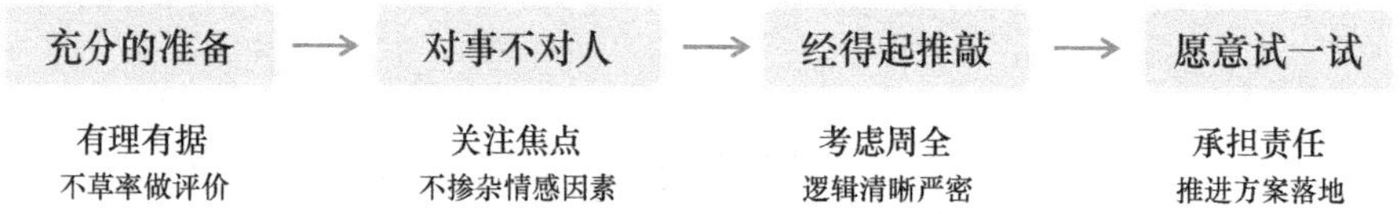

图 3-9 评估建议的 4 个维度

可以从这 4 个维度评判所提建议的价值，但操作结果在很大程度上取决于技术团队管理者的容人度量，技术团队管理者需要克服人性的弱点，能容忍团队不同的声音，让团队成员直言不讳，帮助团队敢于和善于提出不同的意见。

一个团队最好能直言不讳，直言不讳能帮助技术团队管理者更细致地思考问题，也能带动团队表达真实的想法。

3.9 小结

- 团队文化是长期践行的结果，它存在于团队成员的心里，融入日常的点点滴滴。
- 技术团队管理者在工作中塑造团队坦诚文化，首先要实事求是地给团队树立榜样，其次要能不包庇下属的过错并及时告知，最后在和团队成员的沟通中以及自己的行动上要注意策略，做到“外圆（圆润）内方（方法）”。
- 构建一个学习型组织，需要带动团队阅读分享，建立知识经验库，定时通过会议复盘总结。
- 复盘是对实践的反思和总结，避免重蹈覆辙，每一次复盘都可以优化和改进执行动作，加快个人和团队的成长。
- 新人入职一周后需要进行访谈，了解新人对团队和新环境的真实感受，访谈内容包括了解新人的近期工作、工作中的思考以及接下来的工作规划。
- 每周一次的工作会议非常有必要，在会议上同步工作进度、思考和计划可以有效地共享信息、解决问题和推进工作进度。

- 坦然面对失败并容忍合理的失败，把失败当成历练的机会，才能在失败中学习成长。
- 一个团队应该直言不讳，直言不讳才会有不同的思考，有不同的思考才会对问题更深入地剖析，同时也能带动团队表达出真实的想法。

第 4 章 项目管理

任何一个项目都是为了实现特定的目标，技术团队管理者如何能让团队成员清楚地知道项目目标并认同目标呢？

技术团队管理者如何进行需求确定、任务拆解、落实到具体责任人，并制订出项目实施计划，确保项目进度可控呢？

项目延期在互联网公司却是常事，当管理一个复杂的项目时，技术团队管理者如何能控制好进度，确保按期交付项目呢？

技术团队管理者如何能让技术人员一开始就写出高质量的代码，进而减少代码优化和测试的时间呢？

与传统软件公司相比，大多数互联网公司并没有单独设立项目经理职位，而是由技术团队管理者承担项目管理工作，但项目管理不是一项简单的工作，需要系统性地考虑项目的诸多因素，例如制度设计、质量监控、版本控制、环境维护、进度控制以及项目相关者的利益协调与分配等事项。这需要技术团队管理者有较强的综合能力，不能只关注局部问题，忽视项目的整体进展，而要全局思考项目的方方面面。那么项目管理者到底该如何管理项目呢？下面我们一起系统地从项目启动、需求管理、进度管理、风险管理、质量管理这 5 个方面，介绍该如何管理一个复杂项目。

4.1 项目启动

项目启动是一个项目的开端，有了好的开端，项目执行才有动力。为了让团队清晰地知道项目目标，有计划和目的地开展工作，同时避免在项目实施过程中犯一些低级错误，就需要有一个好的项目启动，好的项目启动能增强团队的信心，为项目的后续开展减少阻碍并获得更多的支持。

对于项目启动环节，有 3 部分工作，分别是确定项目目标、确定项目人员和项目启动会。

4.1.1　确定项目目标

提到目标管理不得不说的是 3 个石匠的故事，管理大师彼得 · 德鲁克在《管理的实践》一书中讲述过这个故事，故事虽然很短，但对目标管理的重要性诠释得非常清楚。

有人路过一片工地，看见 3 个石匠正在辛勤的劳作，每个石匠都很用心地在打石头，他很好奇，于是便走上前问他们在做什么？第一个石匠的回答是“我在为生计干活，迫于无奈的干养家糊口的工作而已”；第二个石匠的回答是“我在练手艺，我要做全国最好的石匠活”；第三个石匠的回答是“我正在建造一座伟大的教堂”。3 个石匠都是为了不同的目标而工作，第一个石匠为了生存，第二个石匠为了手艺，第三个石匠为了组织的目标。第三个石匠时刻不忘组织的目标，他把自己的工作和组织的目标关联起来，通过实现组织的目标来实现自己的价值。团队中的每个个体如果都能明确和聚焦目标，组织整体能实现目标的可能性就会更大。

任何一个项目的启动都是为了实现特定的组织目标。作为技术团队管理者，要清楚地知道，项目投入大量的人力开发，并不单单只为了上线交付。技术团队管理者要让团队清楚地知道并认同项目目标，知道为什么而“战”。

项目目标如此重要，那么技术团队管理者该如何制定清晰的项目目标呢？

首先，项目目标的制定需要遵循 SMART 原则，如图 4-1 所示。

图 4-1　SMART 原则

（1）**具体性**。制定的目标要有详细的指标描述，目标可以简洁到用一句话来概括，目标是否明确，关系到项目最终的成败。很多项目管理者制定目标时并不喜欢讲得太明白，甚至在和下属的关于目标的沟通中经常出现“这个事情你看着办就行，不用问我”“这个项目规划我说过几遍了，不要再让我说第二遍”等诸如此类的对话，如果你也有靠下属揣度你的想法来工作的习惯，那么可能最终结果会离目标很远。

（2）可衡量性。制定的目标不仅要明确，目标的交付成果还必须是可衡量的，有明确的数据指标来衡量目标的完成效果。

（3）可实现性。目标制定要充分考虑团队能力的匹配度，实现的目标要具有挑战性，同时目标的难度又不至于让团队失去信心。

（4）相关性。目标的实现要考虑是否能同时满足多个业务，这样目标实现后价值更大，实现一个目标就可以解决多个问题。

（5）时限性。要考虑在限定的时间内完成目标，任何一个没有限定时间完成的任务，都不会完成得很出色，除时间限定外还要考虑到人力、资金等投入。

其次，目标制定除了要遵循 SMART 原则，技术团队管理者还要给目标赋予意义。需要告诉团队为什么要做这个项目，对技术人员来讲，高质量地把项目交付上线不仅意味着完成工作职责，给自己带来成就感，同时还能带来技术进步和成就自己的可能性，这些都是项目目标带给团队的意义。

最后，制定的目标要共享，确保信息公开透明，目标一旦公开团队就没有退路，进而做事就会更有动力，同时公开的目标能让业务部门更加了解技术团队的工作情况，进而获取资源上的帮助和排期上的认可。

有了清晰的目标，项目管理者接下来需要确定项目团队人员，让项目分工和规划更加明确。

4.1.2　确定项目人员

项目启动前需要确定所有的项目参与人员以及其他与项目有利益关系的实体。这里我们重点介绍参与项目开发的人员。典型的互联网项目团队人员结构包括项目负责人、产品经理、设计师、前端工程师、架构师、后端工程师、测试工程师和运维工程师，如图 4-2 所示。每个人的职责根据项目开发细节划分。

图 4-2　互联网项目团队人员结构

项目负责人需要领导项目小组完成全部项目工作内容，交付一个令项目利益相关者都满意的结果，是项目质量的最终责任人，承担项目的全部责任。产品经理和设计师负责处理开发前的工作，包括产品需求调研、规划与设计产品工作、绘制产品原型、整体产品风格的确定以及界面设计等工作。

进入正式开发环节的工作分为 3 个阶段，即开发、测试和上线。开发阶段需要前端工程师、架构师和后端工程师参与开发，测试阶段主要参与人员是测试工程师，上线阶段主要参与人员是运维工程师。

在开发阶段中技术负责人要负责核心代码的技术攻关、技术指导、成果检查、系统分析、解决潜在风险和保障系统质量。在测试阶段中测试负责人要制定好测试方案和测试计划、编写相关测试用例、安排测试工程师进行模块测试、为技术人员提供改进建议、协助技术人员解决 bug 并输出测试报告。在上线阶段中运维工程师要对生产环境进行全面管理和维护，包括软件升级、配置管理、安全防护，系统监控、性能调优和备份恢复等工作。

对于确定哪些人参与项目开发，可以用竞选的方式，在部门内设立竞选机制，把技术团队划分成多个项目组，每个项目组之间横向 PK 和学习。我的部门就设立了“擂台”机制，让各个项目组之间互相学习对方好的知识和经验，对外要面对市场的竞争和考验，要想在“擂台”上长期站住脚，就需要不断地学习和成长。

人员确定后的下一步工作就是确定信息同步机制，保障项目组成员间的信息透明，信息透明的情况下共享团队的协作效率才会更高。目前项目管理中常用周会、站立会和进度看板的形式同步项目信息。

4.1.3　项目启动会

生活需要仪式感，项目同样也是，有了仪式感，项目就有了一个开端和起点。项目启动会是宣告项目开始的一个标志，一般由项目负责人或老板组织召开，目的是信息同步和达成一致目标，动员团队鼓舞士气，确定资源的投入和关键里程碑节点等。好的项目启动会可以让整个团队充满力量，增强使命感，起到事半功倍的效果。

对于项目启动会，要求项目全体人员参加，包括其他与项目有利益关系的编外人员。会议内容如下所列。

（1）**价值说明**：说明项目的价值和意义，帮助团队了解项目的整体情况。

（2）**确定目标**：确定项目目标及制订项目规划，让团队知道项目如何开展。

（3）**时间节点**：确定项目的里程碑时间节点，让团队知道在各个时间节点需要输出的关键成果。

（4）**职责分工**：确定项目团队成员的职责及其分工，让团队职责清晰。

（5）**风险应对**：确定项目资源投入及风险应对策略，让团队提前做预案。

为了做好项目启动会，项目负责人要在前期做好充分的准备，提前协调好大家的时间，确保项目相关人员都到场，在项目启动会上要告知大家为什么要做这个项目，这个项目可以解决哪些核心业务问题，让团队清楚地知道项目的背景和目标，同时评估项目执行中可能遇到的难点和阻碍，为项目争取更多的资源和支持，还要讲解项目初步规划，告诉大家为了达成目标需要做的事情及每个阶段的交付成果。

有经验的会议发起人会对项目的机会进行重点阐述，通过项目机会来激励团队完成目标。需要注意的是，为了达到动员效果，会议时间不宜过长，时间过长会使参会人员感到疲劳，因此，会议前需要对沟通的事项达成一致，避免会上进行讨论。

项目启动会的召开代表项目整体方向已确定，项目价值也得到了领导的认可，马上要进行详细的需求管理。

4.2 需求管理

需求管理就是对项目功能进行确定，确定哪些需求要做，哪些需求不在开发范围内，需求确定之后，才能计算出项目所需的工期和投入的人力。

4.2.1 需求确定

技术团队管理者在对项目管理的过程中对于下面这些情况应该不会陌生，以下这些情况在互联网公司经常发生。

（1）业务部门随意更改需求，搞得团队疲于奔命。

（2）业务部门催赶工期，希望一个复杂的项目短期上线。

（3）项目开发时，很多技术人员对业务理解错误，写了很多无用代码。

（4）项目提测时，实现的功能和客户想要的功能大相径庭。

（5）项目验收时，业务部门提出很多临时需求，需要紧急修改。

这些情况告诉我们——需求的确定有多么重要。需要和业务方多次讨论才能逐步细化确定项目需求，讨论的目的就是要达到“做且仅做”。对于项目 1.0 版本，因为还在摸索期，需求还有待市场验证，这里建议交付一个最小的上线版本，在市场的反馈中迭代。

技术团队管理者在确定需求范围的同时，还要学会理解和转化需求，把业务方表述的需求转化为真实场景需求，再把真实的场景需求转化为功能需求。例如，需求方提出需要一根长钉子，那么可以问他为什么需要一根长钉子，他说需要在墙上挂东西。这个挂东西就是挖掘出来的真实场景需求，这时需要思考的是满足这个真实场景需求的功能是什么样的？生产出一个吸盘挂钩、粘贴挂钩、一根钉子都可以，至于选用哪一个，就要结合具体的真实场景，先完成一个最小版本的功能来迭代。

每项需求转化都需要结合业务深入思考，很多看似重要的功能，很大程度上并不是真实需求，而是业务方对于情景的表述而已。而从多方收集而来的需求，先要进行过滤、分类、排序和定级，最终确定的需求划分级别不宜超过 3 级。对需求的定级和排序，可以从紧急度、重要性、技术难度这些维度进行打分。需求定级的表格如图 4-3 所示。

编号	来源	被提次数	需求描述	转化需求	优先级	状态	提出日期

图 4-3　需求定级表

排在第 3 级之后的需求建议直接砍去，另外还要保证每个级别的需求数量在 5 个以内，每次迭代的版本不超过 15 个功能，多出的功能可以考虑放在下一个版本中迭代，先完成一个最小可行性产品，并最好把迭代的周期缩短到两周内，及时给到工程师以便给出成果反馈。

经过上面的步骤，可以明确“做且仅做”需求的优先级，下一步就是写出详细的需求说明书，并让业务方在需求说明书上签字确认，达成最终的需求共识。

之后项目管理者要开始拆解任务，将项目功能按模块分解，落实到具体责任人，制订出项目实施计划，确保项目能按期交付，下面用一个完整数据看板项目来举例说明。

4.2.2 需求分解

项目管理可分为 4 个阶段：需求阶段、开发阶段、测试阶段和收尾阶段。下面用一个数据看板项目进行说明这 4 个阶段，具体工作如下。

（1）需求阶段：需求收集、需求确认、原型设计、页面设计和页面制作。

（2）开发阶段：主要是根据产品需求，先进行页面设计和制作，再进行编码，具体开发功能包括数据检索、数据罗盘、数据统计、数据分析、数据建议、数据监测和数据比对等。

（3）测试阶段：主要包括功能测试、性能测试和安全测试等。

（4）收尾阶段：主要包括代码验收、项目部署、文档验收和项目复盘。

项目的 4 个阶段对应的功能模块和子任务明细如图 4-4 所示。

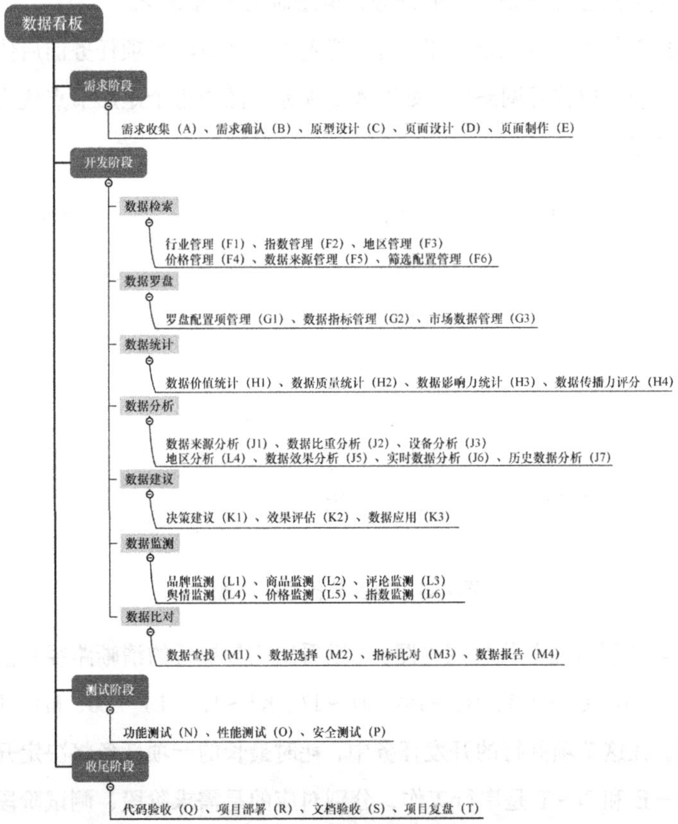

图 4-4　数据看板功能

4.2.3 任务排序

因为每项任务前后有依赖且资源配置不同，需求中有了清晰的任务描述，接下来需要对任务进行排序。对于任务的排序，使用较多的方法是单代号网络图。

单代号网络图由节点和带箭头的线组成，每个节点代表一项工作或任务，通常用圆圈和矩形表示节点，带箭头的线连接前后两个节点，表示前后的逻辑关系，带箭头的线的长短和工期没有关系，带箭头的线通常用实线表示，实线表示的是有真实待完成的任务，而虚线则表示一项虚拟工作，可以对应项目中的模块和其他工作。

需要注意的是，首先，单代号网络图中节点的逻辑关系不能绘制混乱，因为这是项目执行顺序和资源依赖的关键。其次，单代号网络图中带箭头的线不能出现双箭头或无箭头，且交叉的带箭头的线要用过桥法绘制。最后，单代号网络图中的开始节点和结束节点虽然不是具体的任务，但绘制时不可缺少。

根据数据看板项目的功能需求，为了能更直观地看清每项任务前后依赖的逻辑关系，绘制的项目单代号网络图，如图 4-5 所示，图中每个矩形节点代表数据看板项目的每个任务。

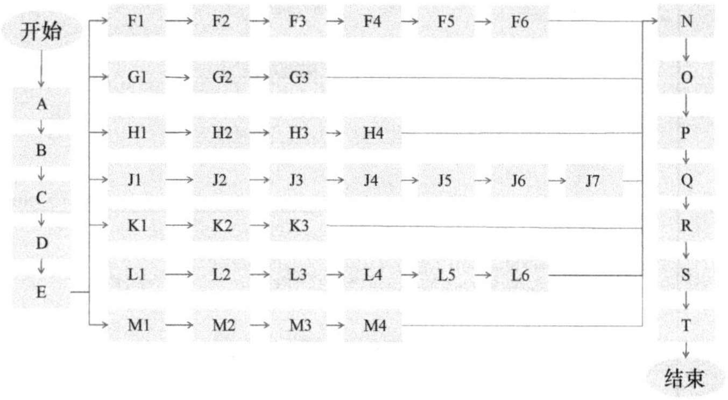

图 4-5 项目单代号网络图

通过图 4-4 所示的单代号网络图，可以看出任务执行的清晰路径和前后依赖关系，其中 F1 ~ F6、G1 ~ G3、H1 ~ H4、J1 ~ J7、K1 ~ K3、L1 ~ L6、M1 ~ M4 的任务是并行开发。在这 7 项并行的开发任务中，耗时最长的一项任务将决定开发阶段的工期，而 A ~ E 和 N ~ T 是串行工作，分别对应的是需求阶段、测试阶段和收尾阶段，通过单代号网络图对任务进行排序后，接下来需要对每项任务的耗时进行估算。

4.2.4 工期估算

对于项目工期的估算，需要考虑包括项目需求、任务前后顺序和依赖、资源投入、人员能力、延期风险、外部影响和交付质量等因素。对于交付质量较高、难度较大、协调沟通事项较多的项目，估算工期时要考虑预留一部分弹性时间，尽量降低项目延期的风险。

数据看板项目功能具体包括需求收集、需求确认、原型设计、需求评审、需求排期、页面设计、页面制作、数据检索、数据罗盘、数据统计、数据分析、数据建议、数据监测、数据比对、功能测试、性能测试、安全测试、代码验收、项目部署、文档验收、项目复盘。综合评估各项任务难易度，在确定项目任务前后逻辑顺序和投入人力之后，采用 PERT 技术，对完成每项任务所需的时间进行估算，PERT 需要提供 3 种估算值来计算任务的工期范围，3 种估算值分别是最可能时间、最乐观时间和最悲观时间。

（1）**最可能时间**：在最有可能的资源投入下，考虑有可能影响项目的因素，评估任务的持续时间，通常情况下，最可能时间和任务的耗时较接近。

（2）**最乐观时间**：项目执行中没有任何阻碍和困难，最理想的情况下每个任务的执行时间。

（3）**最悲观时间**：项目执行中有很多阻碍和困难，最糟糕的情况下每个任务的执行时间。

各项任务的持续时间通过最可能时间、最乐观时间、最悲观时间进行估算，PERT 估算方法为估计值 =(最乐观时间 + 4 × 最可能时间 + 最悲观时间) / 6 计算得到。

4.3 进度管理

进度管理主要是对项目的关键节点进行协调和控制，确保项目在有限的资源条件下能实现既定的目标，进度管理主要通过制订进度计划、进度控制、需求变更管理这 3 个方面进行。

4.3.1　制订进度计划

再糟糕的计划也好于没有计划，所以我们需要先制订项目进度计划。制订的进度计划要细化到天，保障每天的工作可量化，每周的工作可验收，依照进度计划严格执行。

根据上面的网络图和任务工期估算表，可以绘制出详细的单代号网络图，在单代号网络图中找到工期最长的那条线，计算方法是分别累加 F1 ~ F6、G1 ~ G3、H1 ~ H4、J1 ~ J7、K1 ~ K3、L1 ~ L6、M1 ~ M4 这 7 条项目执行路径中的持续时间，持续时间最长的那条线决定了项目的开发工期，这条线也被称为项目关键路径，如图 4-6 所示，加粗的线是项目关键路径，图 4-6 中每个任务单元的 6 格中的数字按照顺序依次从上至下，从左至右分别是：最早开始时间、持续时间、最迟开始时间、最早结束时间、总浮动时间、最迟结束时间。

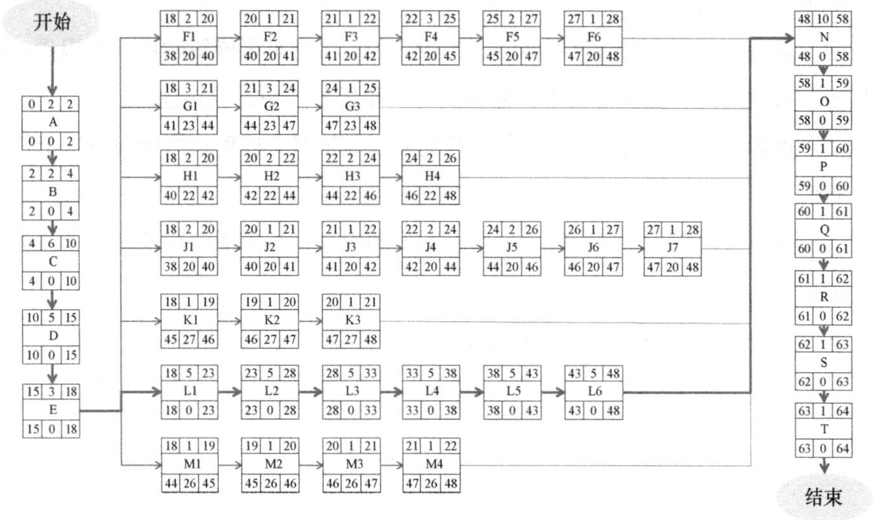

图 4-6　详细的单代号网络图

通过图 4-6 持续时间累加计算后，可知项目关键路径任务分别为 A、B、C、D、E、L1、L2、L3、L4、L5、L6、N、O、P、Q、R、S、T。确定关键路径就可以算出项目的总工期，通过图 4-6 展示的项目关键路径可以算出总工期为 64 天。

依据项目任务顺序绘制单代号网络图，再通过单代号网络图评估项目工期，通常情况下还可以再次优化，尤其当工期较紧的情况下，可以通过增加额外的资源投人，对项目关键路径进行优化，缩短项目的整体工期。通常优化工期的办法是增加资源的投入或把串行的任务改为并行操作。如果资源有限制要求，不能进行额外的投入，则只能让团队投入更多的时间来保障项目按期交付。有了项目任务排序、工期和执行计划后，下一步要做的就是进度控制。

4.3.2 进度控制

项目负责人都希望项目能按期交付，但项目延期在互联网公司却是常事。当管理一个复杂的项目时，根据下面这 4 点可以帮项目负责人控制好项目进度，按期交付项目。

1. 任务可控

为了记录项目各个任务的实际进度情况，还需要通过表来登记项目执行信息，登记信息包括类型、需求、状态、负责人、各节点的执行时间和详细文档，具体内容如图 4-7 所示。

类型	需求	状态	PM	RD	FE	QA	需求评审时间	提测时间	上线时间	文档	备注

图 4-7 实际进度登记表

有了项目进度计划后，项目就有了基础的进度基准，通过图 4-7 展示的项目实际执行进度和制定的进度基准对比，就可以衡量进度偏差。项目执行中，依照基准及时调整项目进度偏差，并对实施过程进行监控和反馈，保证项目能按期交付。

同时为了能清晰了解和控制每一个任务，还需要对每个任务进行登记，以确保使每一个任务可视化，每个任务的登记信息包括编号、开始时间、结束时间、基础信息、详细说明、责任人、执行人和创建人，如图 4-8 所示。

编号	开始时间	结束时间	基础信息	详细说明	责任人	执行人	创建人

图 4-8 任务登记表

2. 每日站立会

熟悉敏捷开发的人员对每日站立会一定不会陌生，每日站立会在敏捷开发中非常重要，通过站立会可以保障信息透明，让团队成员快速了解各自的具体工作和进度，便于全面把控项目进度。通过每个人项目完成情况的对比，让大家直面自己的工作现状和问题，帮助大家及时解决项目中的问题，让团队成员感觉到集体的温暖和智慧。

为了提升会议质量，达成团队更默契的协作，站立会需要注意以下 8 点关键信息。

（1）主题：确定好每日站立会讨论的内容，只围绕主题进行，做到不跑题、不偏题。

（2）内容：讨论内容只围绕昨天做了什么，当前的进度、偏差、障碍以及今天的计划。

（3）时间：时间不宜过长，控制在 10～20 分钟之内为宜，能达到明确任务的效果即可。

（4）场所：站立会顾名思义是“站”，而不是“坐”，一般是在白板前站立围成一圈。

（5）频次：每天早晨进行，让站立会成为每日工作开始的标志。

（6）形式：站立会不是单纯的工作汇报，更多的是参与者之间的交流，为了提高会议效率，最好有一名协调人控场。

（7）物品：站立会只允许带纸笔，禁止携带任何电子设备，包括手机和计算机。会议结束后，可以把白板内容拍照后通过电子邮件同步给站立会的参与人员。

（8）会后：会议内容要及时同步，让团队知道工作的优先级，对遗留的问题及时跟进，确保问题得到有效的解决。

对于每日站立会需要注意，首先，会前要做好充分的准备，检查工作细节，更新进度状态，确保会上交流更加高效；其次，站立会上不宜长时间讨论问题，耗时较长的问题应放到会后讨论，更多的沟通和协作要放到平时的工作中，会上更多的是对工作的聚焦和价值传递；再次，会议沟通的主线是团队进展，而非个人工作内容，不要把站立会变成汇报会，要做好整体把控；最后，站立会上遇到的问题，如果会上没有时间讨论，则会后要跟进解决，因为遗漏的问题不及时解决会导致团队工作的积极性减弱，最终把站立会变成一种形式主义。

3. 进度看板

进度看板秉承可视化管理的理念，用于过程管理，保障研发过程能最大限度地可视化呈现。看板是信息汇总和展示的重要渠道，可以为每日站立会搜集和汇总信息，提供问题讨论和决策的数据，通过看板可以清楚地知道项目整体情况和相应责任人的工作进展。

在看板上除了包括必要的项目进度信息，还可以包括项目的跟进事项。对于每种类型的事项，可以用不同颜色的笔标记或贴上不同颜色的便利贴，具体格式如图 4-9 所示。

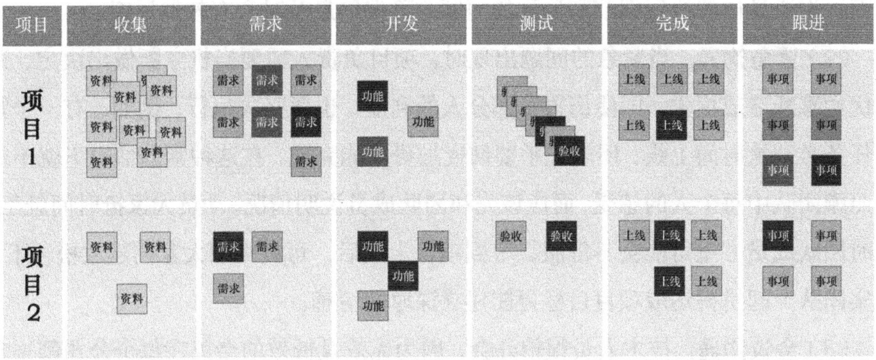

图 4-9 进度看板

通过这个格式的进度看板，可以清晰地看到每个模块在各个阶段的具体状态及问题跟进状态，根据项目实际开展情况，还可以在看板上对任务的优先级进行排序，确保项目进度不会滞后，同时，将每个模块各阶段进度与制订的进度计划对比，也能清楚地知道进度情况。

看板的最后一列是跟进事项，及时处理跟进事项问题是控制项目进度的关键，应每日优先处理跟进事项，扫清项目中的阻碍，不留问题过夜。每日站立会后，要及时登记待跟进事项，每日不断解决问题，更新进度。

需要注意的是，在进度看板执行中，首先，要及时更新进度信息，项目负责人可以每半天或一天更新一次整体进度信息，其他人员可以进行细节信息补充，包括 bug、功能、亮点等；然后，对于各项任务的状态和内容用不同的笔标记，同时还可以在各个进度项上张贴不同颜色的便利贴，对于完成的事项可以直接取下相应的便利贴，方便对看板事项进行调整。

4. 高效沟通

项目管理中很大一部分问题都可以通过沟通来解决，因为项目毕竟是人做的，所以项目管理者要学会高效的沟通。项目中常见的沟通情况包括需求沟通、紧急沟通、会议沟通和跨部门沟通。

（1）需求沟通。技术团队管理者要求产品人员提前一个月规划每个版本的需求，提前两周规划功能实现细节，提前一天通知评审的具体时间，提前考虑各种细节问题。需求评审前要确认完成项目涉及的难点阻碍。同时对于复杂的业务需求，要学会需求的拆解，把长周期的任务切割到多个阶段，第一阶段先沟通实现思路，后面再沟通具体的执行细节和遇到的问题，确保信息及时和有效地反馈。

（2）紧急沟通。当紧急的问题出现时，项目负责人需要当机立断做出决定，避免优柔寡断造成损失，即使伤害了部分人的利益，也要坚决执行。例如，有一个紧急任务必须抢时间上线，团队几乎要彻夜加班才能完成，在这种紧急情况下就不能去照顾团队中每个人的感受，而应该先和团队成员说明情况，动员大家抢时间赶工，当时团队成员心里可能会不舒服，等到项目上线后，可以组织大家团建放松一下。其实团队一起拼搏达成项目目标更能建立深厚的情感。

（3）会议沟通。技术人员很怕开会，因为无效及低效的会议在每个公司都很常见。对于会议沟通，必须要有两样东西——纪要和结论。有了这两样东西，会议的结果就不会差。会议沟通的优势是集中口头交流，信息互换的效率非常高，但同时因为信息量大且呈碎片化，过程的细节很容易丢失，所以对于会议的内容需要及时记录和整理，做到有会议必有纪要，有纪要必有结论。

（4）跨部门沟通。对于跨部门沟通最大的阻碍就是目标不一致、信息不透明，很多你认为紧急的事情，别人很难站在你的立场上体会到。对于跨部门沟通，需要提前进行，让别人了解你的协作事项和事项的紧急程度，并有充足的时间做准备。其次，每一次合作还是要和别人搞好关系，关系到位了，很多事情就简单多了。

4.3.3 需求变更管理

项目需求变更管理是项目管理一个非常重要的环节。一般来讲，如果项目需求发生变更，通常工作量和工期都会发生变动，往往需要重新评估需求，如果需求变更较大，可能会引起返工，在工期紧张的情况下，这不仅严重影响项目质量，甚至还会导致项目半途而废。

当然要完全避免需求变更是不可能的，当提出新需求时，项目负责人应该分析这些新需求对项目的影响和风险，告知对方需求变更产生的成本。

当需求发生变更时，首先，对于变更的需求，不论大小，都需要严格按照变更流程进行管理，且变更的内容不能通过口头传达，而需要得到对方的确认，在需求变更确认的内容中要明确变更的影响因素，包括时间、成本、范围、风险等，这样才能够让项目参与方慎重地对待需求的变更。然后，待双方意见一致，签署需求变更确认文档后，需要通过电子邮件通知全体项目人员，保证信息的同步和流畅。

其实对于需求变更还是可以提前有一些应对策略的，在需求阶段，当对方提出需求后，如果你觉得可能有问题，可以重复一遍对方的需求，留意观察对方在你复述需求后说了什么，如果对方能明确指出你刚才复述时的具体细节问题，说明对方对本次提出的需求还是思考得比较清楚的。但如果对方说，“是这样，先按这个需求做一版，我们再沟通”，那么十有八九对方并没有想清楚这个需求，提出的需求不一定靠谱。

对于不靠谱的需求，不要着急进入开发环节，先拿一个初步方案和对方沟通，让对方在初步的方案上对需求有更深的认识。多沟通几次方案，基本就可以把需求沟通清楚了，也能清楚地知道哪些地方在开发中是容易变动的，同时设计技术方案时要充分考虑易变环节的拓展性，让需求变动能以最小代价来满足。

4.4 风险管理

项目开发中经常会发生很多意想不到的事情，例如，合理评估了项目工期，技术人员加班加点开发，但还是延期了。一些没有被评估到、看似不重要的风险点，最终还是影响了项目的进展。所谓凡事预则立，不预则废，作为项目负责人，越早管理项目风险，项目遭受的影响就会越小。风险管理主要包括风险识别、风险评估和风险控制 3 个阶段，如图 4-10 所示。

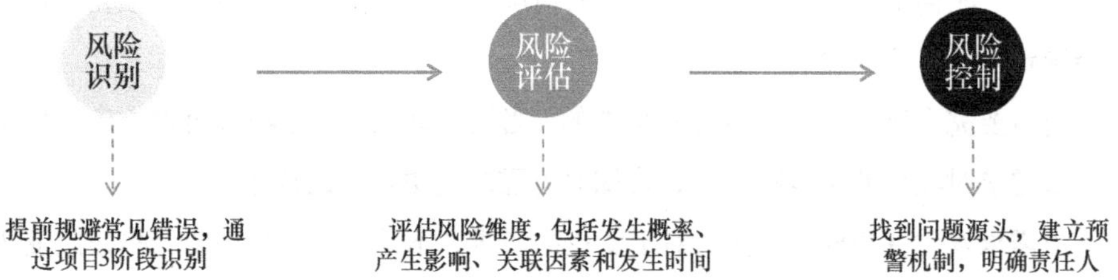

图 4-10 风险管理 3 个阶段

4.4.1 风险识别

项目风险管理的第一步就是要进行风险识别，但很多技术团队在风险识别上管理得并不好，导致项目中出现的很多问题不能得到及时的应对和控制，在项目风险识别上常犯的错误大致有以下 3 点。

（1）**不重视风险**。项目的负责人没有风险意识，认为项目管理主要就是带团队做项目，技术评估做好了就不会出现其他意外，进而不会提前识别和评估项目中可能存在的风险，这体现了项目的负责人典型的缺乏系统的项目管理知识。

（2）**风险职责模糊**。在项目风险管理上没有明确的责任人，也没有风险管理团队进行风险的识别评估，甚至对识别出的风险也不进行跟踪和控制，项目团队成员更多地停留在项目的执行中，不关心项目的潜在风险和危机。

（3）**信息不透明**。项目启动前虽有明确的风险识别和评估机制，但执行中信息不透明，项目组成员更多关注局部的问题，而忽视了项目整体的风险，很多问题不能第一时间在项目成员间共享，或是没有风险预警机制，导致项目执行中的一些风险无法第一时间被识别。

要进行项目风险识别，首先要设立项目风险委员会，风险委员会的成员来自项目组的核心人员和外部的专家，他们有丰富的项目经验，能够确保项目中的大部分风险第一时间被识别，从而提前做好风险预案并控制风险。

项目风险随着项目的开始会一直存在，直到项目终结才会消失。所以对于项目风险的识别可以分为 3 个阶段，即立项前、开发中和发版后。

立项前主要考虑的是项目实施的一些可行性，包括技术风险、市场前景、资源配置、成本因素等，这些是项目负责人首要考虑的风险因素，是决定项目是否启动的最直接因素，所以项目负责人要深入思考这些关键风险点，并组织相关项目人员讨论。

开发中主要考虑的是项目执行的一些风险，包括需求合理性、进度把控、代码质量、开发效率、环境等因素，这些风险因素关乎项目执行是否顺利，是项目负责人投入精力和时间最多的地方，这些风险因素的把控可以通过合理的规划和流程规范来控制。

发版后，项目出于正常的运营阶段，考虑的风险点包括性能、用户访问量、系统漏洞、需求迭代效率、安全运维等风险因素。

所有识别出来的风险都必须及时登记在册，登记的信息包括风险描述、记录时间、发生风险的概率、直接后果、关联的因素等。

4.4.2 风险评估

对于识别出的风险，除了及时登记在册，还需要对风险进行评估，并输出风险管理计划，对于风险的评估可以从发生概率、产生影响、关联因素和发生时间 4 个维度进行分析。

（1）**发生概率**。对于已知风险和未知风险，我们首先要弄清楚风险发生的概率，通常项目管理中大部分的风险都属于已知风险，如项目延期、代码缺陷和需求变更等，而难料的未知风险往往都是发生概率较小的风险，如自然灾害。对于项目中发生概率较大的风险，要及时做好影响评估。

（2）**产生影响**。弄清楚风险发生的概率后，接下来就要评估风险的影响值，对于小概率且影响较小的风险，风险预防和控制的优先级就会较低，而对于大概率且产生的直接后果又非常严重的风险，就需要及时做好预案，并在风险登记册中重点标记。

（3）**关联因素**。识别出关键风险后，不仅需要预防和解决当前风险，还要评估识别出的风险对项目其他因素的影响，有些影响是直接的，比较容易评估，而有些影响则是间接的，没有直接因果关系，不容易发现，那么就需要项目风险委员会集体展开头脑风暴，收集更多的关联因素，厘清因素之间的关系。

（4）**发生时间**。对于风险的评估，通常很难确定风险发生的具体时间，但风险发生的时间段还是可以被推测出来的，推测的风险发生的，时间段越短，对风险的把控就会越精准。

通过风险发生的概率、风险产生的直接影响、风险的关联因素以及风险的发生时间，基本上可以评估出风险的关键信息，接下来就需要对风险进行有效的控制。

4.4.3 风险控制

对于风险的控制，首先要对评估出的风险查找问题根源，找到问题源头才是解决问题的根本之道。源头问题分析还是要找问题的关键点，分析核心的影响因素。对于问题的剖析，可以先提出假设，然后在假设上进行设问深挖根源，找到问题后不断追问为什么。

同时，在风险控制上还需要建立预警机制，在预知的风险到来前做好预警工作，预警机制运用得最好的地方就是在技术的运维体系中。有了健全的预警机制，就可以留出充足的时间去准备应对策略，而不至于在风险到来时束手无策。

另外，对于识别和评估出的风险，要明确责任人，及时跟踪和记录风险信息，确保风险在发生的第一时间能得到处理，而不会因为风险无人负责而发生事故。当控制了已知的风险后，还需要控制已知风险的一些关联影响因素，确保没有新风险发生。

4.5 质量管理

介绍了项目管理中的需求管理、进度管理和风险管理，下面介绍质量管理。

前段时间，有一篇文章，其标题为“我是怎么把一个项目带崩的”，在很多技术人的朋友圈转发，作者总结了 4 点经验教训，其中有两点和项目质量有关：一是无论什么情况下都要进行代码评审；二是以降低质量换取的进度保证不可取，绝不答应客户提出的不合理的开发周期。否则坑了自己坑了同事，更坑了客户。可见项目质量的重要性。

下面我们一起来看看该如何管理项目质量。

4.5.1 建立代码质量平台

为了大大减少代码优化和测试的时间，技术团队管理者需要思考一个问题：“如何让技术人员一开始就写出高质量的代码？”

但在实际的开发场景中，大多数项目工期紧、任务重，开发人员为了保证项目进度，往往会写出很多低质量的代码。这些代码无规范、低级错误多且无法满足下个版本的拓展和升级，有些甚至连提测都无法通过。

很多测试人员会获取技术人员的代码，提前了解代码实现逻辑和风险点，方便对代码质量进行评审和监督，但这并不能普及，因为大多数测试人员对开发语言的了解得不够深入，很难看懂代码的实现思路，更谈不上评审代码质量了，所以很多团队采用代码质量控制平台来应对这种状况。

测试人员在代码评审时，借助代码质量控制平台对代码进行扫描，及时发现代码的问题所在，这样就可以帮助开发人员及早地发现代码缺陷和漏洞。

在项目开发中，可以采用目前主流的SonarQube代码质量分析平台，SonarQube是一款非常棒的开源代码质量检测工具，可以灵活部署，帮助检查代码缺陷及问题，并提供解决方案，能有效地帮助测试人员及开发人员提高代码评审效率，对开发语言的支持也比较全面，支持包括Java、C#、C、C++、JavaScript、Python、GO、PHP等二十几种编程语言，可以检测出代码的安全性、可靠性、可维护性、重复率、覆盖率、bug数量、漏洞数、债务偿还时长等。

除此之外，SonarQube官方对不同的IDE开发工具都提供了插件支持，通过插件可以直接对开发中的代码进行扫描分析，进而可以提高开发中的代码质量。为了防止开发工程师不按SonarQube规范编写代码，把糟糕的代码提交到代码仓库，可以在代码提交过程中实时检测，并对糟糕的代码进行拦截，驳回提交或合并请求。另外，还可以定时对代码仓库进行扫描分析，将分析数据发送给相关负责人，相关负责人通过后台管理界面就可以看到详细的分析报告。

对于有缺陷的代码，SonarQube提供了多维度的缺陷扫描项，包括bug、漏洞、债务、坏味道、覆盖率、新增bug和新增漏洞项等，同时对于扫描后有问题的代码，SonarQube还能提供解决方案及对于每个缺陷代码的优化建议。

对于代码质量标准的设定，SonarQube也可以灵活配置，例如可以设置代码中的重复行密度（%）、代码可维护率、代码可靠率、代码安全率的错误和警告阈值，同时还可以设置多种语言（包括Java、Python、JavaScript、PHP、Flex、XML等）的代码质量规则。

用SonarQube可以有效地提升代码质量，但还不能解决质量的源头问题，只有搭建代码质量体系，让团队形成良好的质量文化才是解决之道，首先技术团队管理者要重视代码质量，带领团队严把质量关，增强质量意识，在项目执行中落实每一步行动，通过长期的践行才能最终形成质量文化。

4.5.2　代码质量体系搭建

很多项目的质量问题都是在问题发生后才反馈到技术人员，导致技术人员一直充当"救火队员"。甚至有些问题还是老毛病，其反复出现极大影响了开发效率和用户体验。

因此技术团队需要搭建一套质量管理体系来提高项目质量，质量体系的搭建可以从 3 个部分入手，包括预防准备、过程管控和质量平台集成，如图 4-11 所示。

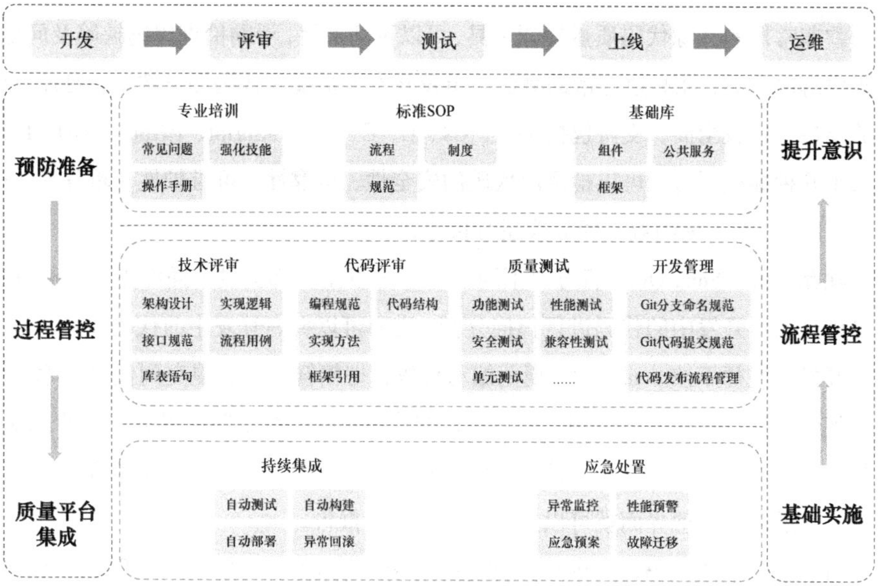

图 4-11　代码质量体系

1. 预防准备

充足的预防准备有利于快速搭建质量体系，防患于未然。对于质量体系搭建，技术团队管理者可以从专业培训、建立标准 SOP、建立基础库这 3 个方面入手。

（1）专业培训。对团队成员进行专业培训，能力的提升可以减少团队成员犯低级错误的概率。

（2）**建立标准 SOP**。建立标准的 SOP，包括流程、制度和规范。让大家按照标准 SOP 来执行，可以让产品质量不依赖人，而依赖标准的 SOP。通过这些硬性要求可以减少执行中的遗漏和疏忽，也可以培养好的开发习惯，还可以抵御工作中情绪化的干扰，每个项目执行过后再通过复盘的形式来优化 SOP。

（3）**建立基础库**。对于核心和使用较多的业务场景，由架构师/高级工程师抽取成基础框架或公用的服务后提供给团队调用，可以减少低级错误的产生。

2. 过程管控

（1）**技术评审**。工程师在项目开发前需要进行技术方案的评审，评审的内容包括设计思路、架构图、实现逻辑、数据库语句、接口规范、框架引用，好的质量是设计出来的，技术团队管理者对于技术的设计评审会议要格外重视，要求务必参加。

（2）**代码评审**。坚持代码审查不仅可以降低事故发生的概率，还能促进团队内部技术交流，同时加深对代码和业务的理解，从而提高代码质量。代码交叉评审这种协作方式很像结对编程，也是一种敏捷开发。对于代码的评审要注意以下几点。

- **遵守编程规范**：要求开发工程师严格按照规范开发，评审时严格按照规范检查，代码规范要求包括命名规范、代码规范、注释规范、日志规范、异常处理、多线程处理等，良好的编程规范有利于别人快速看懂代码，也能避免低级错误的产生。
- **每次检查少量代码**：每次评审的代码不宜过多，代码过多会导致精力很难高度集中，所以平时评审的频次要高，要求编写方法的代码量不宜过多。
- **代码评审清单**：技术团队要整理出一份代码评审清单，有了代码评审清单就可以避免检查项的遗漏。

（3）**质量测试**。质量测试是对已经完成的功能进行代码质量验收测试，包括数据完整性测试、单元测试、功能测试、UI 测试、性能测试、安全性测试、故障和恢复测试、兼容性测试等，测试部门要把这些测试方法形成一套自动化的流程，并能自动汇总形成测试分析报告。

（4）**开发管理**。在开发过程中严格执行 Git Flow 工作流程，控制好主干和分支代码，评估技术风险，对发布流程进行严格的控制。

3. 质量平台集成

（1）**持续集成**。技术人员在每天的开发中不断进行单元测试、代码提交、编译构建、错误检查和部署运行。对于这些重复性的工作，通过持续集成就能减少很多技术人员的日常工作，同时也能提高开发效率并降低出错风险。持续集成包括代码提交、自动化完成测试以及构建和部署，另外还包括回滚机制，当版本构建发生错误时，需回滚到上一个正常运行的版本。

（2）**应急处置**。系统上线之后，系统质量直接影响公司的品牌和口碑，因此要保障系统上线后 7×24 小时稳定运行，即使发生故障也要让用户无感知。所以监控系统也需要搭建完全，以便在风险到来前能及时预警，留有足够的时间解决故障，在用户无感知的情况下，实现故障的完美切换。

4.6 小结

- 项目启动会可以让团队清晰地知晓目标，获得更多的支持。项目启动会需要确定项目目标和参会人员，会前需要对有争议的问题达成一致。

  需求管理主要是为了确定项目边界，并对确定的需求进行分解、排序和估算工期。
- 进度管理要制订进度计划，执行中要控制好进度基准，并对变更的需求严格管理。
- 技术团队需要建立代码质量平台和搭建质量管理体系，以便及时解决源头问题，摆脱一直充当“救火队员”的角色。

第 5 章 效率管理

时间对我们每个人来说都是公平的，每个人一天的时间都是固定的，工作时间偏碎片化且又随时在线，想有一段时间专注地做事情而不被打扰，很难！那有没有什么办法能够在有限的碎片化时间内快速提高工作效率，一天做别人几天的工作呢？

在信息传播极度发达的时代，年龄和经验不再是优势，懂得如何快速获取有价值的信息才是关键，那么如何能高效地获取有价值的信息呢？

在实际工作中，很多技术团队管理者都不擅长向上汇报，汇报时总会和领导不在同一个频道上沟通，技术团队管理者如何向上汇报才能更有效呢？

互联网公司研发部门和业务部门的关系通常都不融洽，对于一些复杂且需要跨多部门协作的事项，到底该如何做呢？

5.1 提高时间质量

李笑来在《把时间当作朋友》一书中描述过一个时间在不经意间疯狂流失而令人抓狂的场景，其实，类似的场景每天都在技术团队管理者身上重演。

项目的交付日期马上要到了，作为技术团队管理者，你发现项目中有一个技术难点还没有攻破，由于时间紧张，你不得不参与到项目中，把项目里最难但却是最基础的一部分业务代码写完，以便团队其他成员可以调用这部分代码。

你看了一下实现细节，发现这部分代码逻辑复杂，你必须仔细思考和设计代码结构，并考虑这些方法被调用时可能出现的各种情况，还要把代码抽取成公共组件。

由于时间紧迫，第二天你早早地来到公司，准备静下心来花半天时间搞定！

为了屏蔽外界干扰，你带上熟悉的耳机，打开项目工程，准备开始编码。

刚写了两行代码，你想起来线上有一个非常重要的 bug，昨天忘记让负责项目的工程师修改，对于这个 bug 客服已经投诉两次了。

因此，你马上连接到远程服务器，打开工程日志。可是刚定位到错误信息，你就意识到，糟糕！这个错误是由基础组件库代码错误造成的，所以改业务代码不能解决根本问题，而要改基础框架！做事不要心急，遇到问题要找到问题根源再动手，要多分析问题背后的原因，要放手，多给团队成员改错的机会，你在内心里再次对自己狠狠地强调了一次。这时你摘下耳机，叫来负责该项目的同事，把问题又对他说了一遍，直到你觉得他完全明白了才让他离开，这时你才断开服务器的远程连接。

好了，这时总算能回到自己的任务，你开始重新思考代码实现。

没过多久，同事已经陆陆续续来了，并大声讨论起昨天的足球赛，“昨天的球踢得真棒！”人群中很多人发出这样的声音。足球一直是你热爱的运动，你不由自主地听得入了神，大家聊了好一会儿才结束，你把注意力收回来时发现只写了几行代码注释……接下来你决定摒弃干扰，专心写代码了！

又过了一会儿，你觉得有点儿犯困，头还有点儿晕，你这才想起来，昨晚思考这个技术难题，很晚才睡着，应该喝一杯咖啡让自己振奋一下，因为你想到每次疲惫犯困时咖啡都非常管用。

你拿出手机准备点一杯咖啡，恰巧这时公司的客服来找你，客服说：“线上的表单系统又打不开了，什么原因呀？都两次了！” 你知道是早上准备修改的那个 bug 引起的，但你不敢直接说是系统 bug，只能对客服说是近期机房的网络有点儿问题，过两天就好了，但是对于这个答案客服并不满意，所以客服直接去问你的领导了，这让你一度尴尬。

和领导解释完这件事，你调整了一下心态，然后开始接着编码。

突然，你发现自己看了好久的新闻，主要是计算机应用程序推送的新闻。你下意识地看了一下计算机屏幕右上方的时间——天！马上到午饭时间了，连一个方法都没写完！

对于上面描述的场景，几乎每个在互联网公司待过的技术团队管理者都或多或少地经历过——时间就这样悄悄溜走，留下你在原地抓狂。

如果经历过类似的场景，你一定会有一种感悟——时间管理太重要了！时间对我们每个人来说都是公平的，每个人一天的时间都是均等的，有人利用得好，一天就做了别人几天才做完的事情，也就是一天当别人几天用！

对技术团队管理者来说，工作时间一定是碎片化的且又需要随时在线，要想有一段时间专注地做事情而不被打扰，很难！

那有没有什么办法能够在有限的碎片化时间内快速提高工作效率，一天做别人几天的工作呢？下面有 3 个方法可以试一试。

5.1.1 公开目标

每天早晨起床写出当天你认为最重要的一件事，对，只有一件事情且当天必须要完成这件事情。为了能专注完成这件事，你需要公开这件事，因为公开和不公开对事情的完成效果可能有很大的差别，如图 5-1 所示。

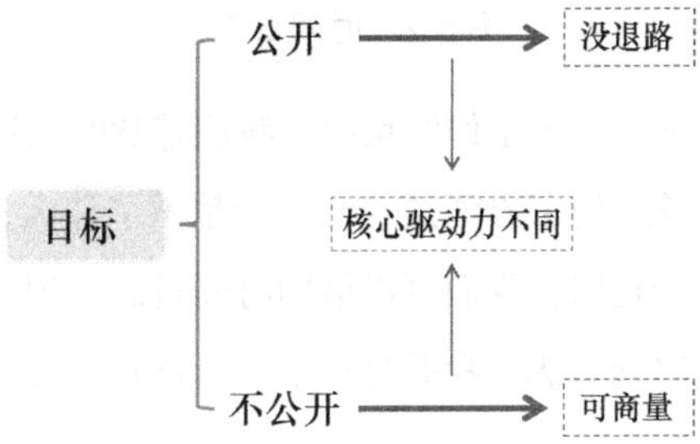

图 5-1 目标公开和不公开的差异

没有公开的事情仅仅是内心的想法和计划，很容易被外界干扰而改变。回想一下曾经只在心里暗暗下决心要做的事情，最后没有几件是坚持下来的。

而公开的事情会受到监督，基本没有退路，变成了不得不做的事情，有了这种压力，自然会逼着自己做出结果，完成事情的过程中时间的利用效率也会更高。

所以，为了能借助外界的压力，在有监督的情况下更高效地完成最重要的事情，你可以把当天最重要的一件事公开到你的朋友圈或公司/部门的工作群，让别人监督自己。如果公开的事情没有完成，可以给负责监督的人发一个红包奖励，一旦有了压力，抗干扰的能力就会增强，时间的利用率自然也就提高了。

每天只做一件重要的事，数量虽然不多，但一个月后回头看看，你的收获却会非常多。每天聚焦一件事情也会让自己的工作更有重点，精力更集中，同时每天不断完成目标而获得的工作成就感也会增强，这又会进一步促进工作效率的提升。

5.1.2　时间日志

时间日志是柳比歇夫[①]提出的一种时间管理方法，他把对时间的管理分为 3 个阶段，分别是记录、分析和调整，如图 5-2 所示。

图 5-2　时间日志

（1）**记录**。有的时候，一天工作结束时，我们感觉时间过得很快，不知道我们用了一天时间都做了什么，为了弄清楚自己一天都做了什么，哪些事情做得比较有效率，哪些事情做得比较耗时，我们可以借助时间日志来记录一天的时间安排，如同程序日志一样。通过时间日志，我们会更了解自己每天的时间分配，进而培养出感知时间的能力。

（2）**分析**。有了每天记录的时间日志，通过分析具体的事件所花费的时间，找出那些花费时间较少的高效率的工作和那些花费时间长却没有任何结果且低效率的工作，对于高效率的工作可以保持，对于低效率的工作需要找出关键问题，思考如何优化和改进。

（3）**调整**。有了时间日志和相关分析，我们可以进一步对时间做出调整，把那些花费时间多、效率低、不重要的事情过滤掉，对于工作中影响效率的事情如争论、情绪化、熬夜、过多的会议等就要尽量减少，腾出更多的时间做重要且有价值的事情。有了每一天的数据反馈，就可以更好地安排时间，制订合理的时间计划。

5.1.3　深度工作

办公的信息化带来了协作效率的提升，但同时也对每个人的工作质量产生了影

① 亚历山大·亚历山德罗维奇·柳比歇夫是苏联的昆虫学家、哲学家、数学家，他提出一种“时间统计法”，对时间进行记录、统计和分析，获得了精确感知时间的能力，提高了时间的利用效率。

响，因为我们通过网络随时在线，这样很容易被同事打扰，时间变得越来碎片化，所以要想在碎片化的时间里深度工作，首先需要先找一个适宜的环境，给自己腾出一段时间集中工作，对于中途临时插进来的工作，定时处理就可以，除此之外，还需要提高工作中的时间质量，使工作更加高效，如图 5-3 所示。

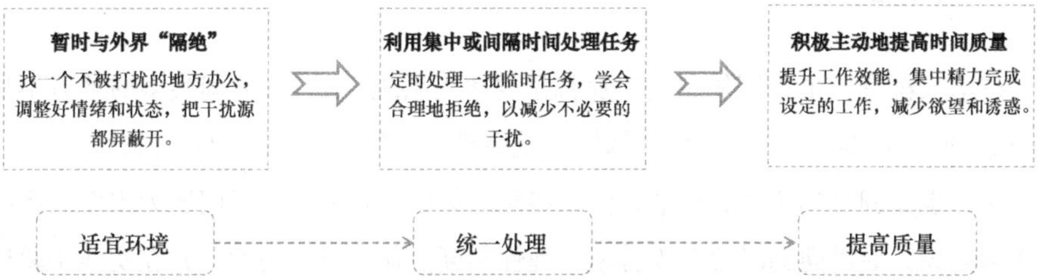

图 5-3 深度工作的方法

（1）适宜环境。万物互联的时代，我们随时在线，也随时被干扰，专注似乎成了一件奢侈的事情，因此，要想让自己沉浸下来专注地工作，就需要给自己创造一个适宜的环境，暂时与外界“隔绝”，例如，找一个不被打扰的地方办公，调整好自己的情绪和状态，把干扰源屏蔽开，如手机、微信、电子邮件等，这样可以把时间集中起来做重要的工作，减少外界的干扰。

（2）统一处理。每隔一段时间统一处理一批临时任务，如回复电子邮件和钉钉/微信信息等。要尽量避免临时工作造成的干扰，对于非紧急事项可以和对方约定处理时间，同时在工作中还要学会合理地拒绝，以避免不必要的干扰。另外，对于工作中临时想起的待办事项，可以先记录下来，待工作结束后再去处理。

（3）提高质量。我们如何对待时间，时间就将如何对待我们的工作。同样的上班时长，要提升工作效能，关键在于提升时间质量，集中精力工作，不浪费时间，在有限的时间内完成设定的工作，减少欲望和诱惑。为了能提升工作中的专注度，平时可以通过一些运动来训练专注力。

5.2 高效地学习和工作

技术人员每天都在和代码打交道，通宵达旦地编写代码更是常态，但矛盾的是，大多数技术人员并没有因此提高编程水平，其原因还是学习与工作的方法不对，方法对了，效率自然就会提高。

我们生活在今天这个信息极度膨胀的时代，海量的信息通过互联网和书籍传播，每个人都能轻而易举地获得。知识并不匮乏，甚至有点儿泛滥，面对海量的知识我们必须高效地进行学习和工作。

5.2.1　问题导向

技术人都有一个很深的感悟，那就是要解决系统 bug，花时间最多的地方不是改 bug，而是找 bug，一旦定位到问题，就会松一口气，很快就能修复发版。

学习也是同样的道理，一个好问题能激发你的好奇心，要以问题为出发点系统地学习知识。面对问题时要客观分析，理性判断真伪，寻找答案，并在实践中验证答案的可行性，最后总结复盘，把问题转化成知识。思考问题和解决问题的这个过程就是一次学习成长的过程，而且，围绕问题学到的知识也会更集中。所以，会提问题，能提出好问题，是非常重要的一种能力。

问题学习法特别适用于技术人员学习新技术或新领域的知识，学习前围绕一个问题查阅大量资料能快速构建新的知识体系，经常会有意想不到的收获，短时间快速学习相似信息能加深大脑对信息的记忆，对问题会有更多维度和更多角度的认识。

如果不带着问题循序渐进地学习新技术或新领域的知识，表面上看学到的知识更全面系统，但是对于短时间内没有重点地浏览的大量信息，大脑会选择性地遗忘，时间一长能记住的并不多。这其实很容易理解，我们在学习新知识前并未构建起知识框架，而是想通过学习的过程慢慢构建，但由于这个学习过程较长，很多人根本坚持不了，最终就会半途而废，我们身边总有很多人不能看完一整本书的原因就在这，这种学习方法的效率显然不高，效果也并不好。

所以，想要高效地获取知识，首先要有一个好问题，然后带着这个问题有针对性地找资料认真研究学习，通过一个问题掌握其相关的知识点，再通过学到的这些知识点延伸学习新的知识，这样就可以花很少的时间做到既解决问题，又获取有价值的内容，效率会提升好几倍。

5.2.2　深度交流

“大牛”之所以厉害，是因为他在某一领域有专业知识。要想成为大牛，似乎挺难，因为专业知识的积累并非一朝一夕的事情，需要长时间学习和坚持。如果成为不了行业大牛，那么能否跟着在某一领域的大牛快速学习，提升能力和知识水平呢？

其实，知识形成的过程本质上是一次次的信息交换。试想一下，你学到的知识是不是基本来源于别人的思考总结和自己的理解感悟？通过与外界高价值的信息交流、碰撞和融合，知识就悄无声息地产生了，并逐渐内化成你自己的技能。

更进一步来说，知识获取效率取决于信息交流深度，如图 5-4 所示。交流的对象提供的知识质量越高，交流的质量才能越高。

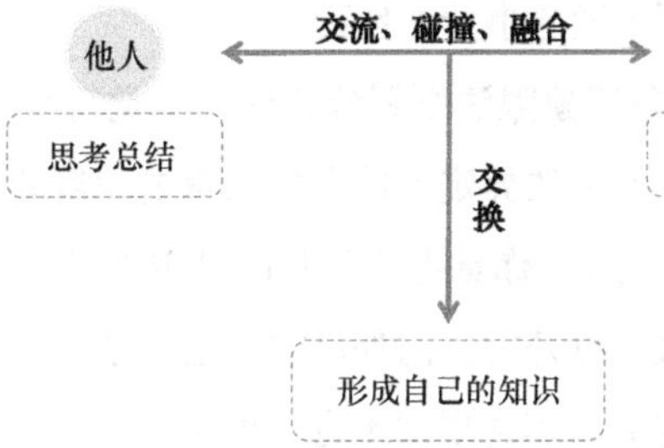

图 5-4 知识形成的过程

每个人在某一领域都有自己的特长，同时也有自己不擅长但又很想学习的知识，所以每个人都愿意拿自己擅长的知识和别人擅长而自己又想学的知识进行深度交流。这种深度交流，用一点点时间就可以换取别人经过长时间思考和试错后形成的知识，可以快速提升自己在这个领域的专业能力。

所以技术人员或技术管理者平时要多和同行业的牛人交流，以获取更多有价值的信息。例如，一位对缓存技术有深入研究的技术人员，可以多和做基础架构、数据库研究的技术大牛做深度交流来获得更多技术知识。这种基于工作实践的宝贵知识经过相互碰撞会发生意想不到的化学反应，收获自然会非常大。

技术变化日新月异，新技术和新框架每天都在更新，技术团队管理者不能仅凭借自身实践经验带团队做项目，而要提高自身获取知识的速度和深度。技术团队管理者是团队的舵手，知识的深度和获取速度会影响团队的方向和效率。

5.2.3 打破惯性

偶尔会听到技术团队管理者抱怨，自己每天很辛苦，既要带队做业务攻关，又要在极短的工期内保障代码质量，更要让团队的技术能力持续升级，这些事情让自己疲于奔命，苦不堪言。

当时间紧、任务重、资源有限的时候有一堆问题需要解决，如果你首先想到的是只做重要且紧急的事情，而把不重要且不紧急的事情都过滤掉，那么你就需要反思一下了，我猜想你的每一天应该都是非常忙碌的，因为你每天都在做紧急而重要的事情，这些刻不容缓的事情，会让你筋疲力尽，疲于奔命，而且这些重要而紧急的事情都来源于对平时重要而不紧急事情的拖延。

另外，对于通过重要-紧急四象限法则划分工作，我觉得难度很大，有时甚至无法实现，因为很多时候，我们无法界定一件事情的重要程度和紧急程度。例如，当你在洗澡的时候，忽然门铃响了，你觉得这时开门是重要且紧急的事情吗？如果你认为是，当你慌忙穿好衣服，打开门，门外可能仅是一个广告推销员而已。

很多时候，让我们疲惫的原因不是事情本身，而是我们一直用惯性思维思考。

当我们感到越来越疲惫、越来越痛苦时，我们需要审视一下我们每天做的事情是不是一成不变，有没有突破和创新，因为长期用惯性思维方式工作很难有成长。例如，一个技术能力弱的程序员，大概率会一直保持很差的技术水平，因为能力弱，学习吃力，他的惯性思维就会告诉他，技术太难学，自己学不好的，进而就会逃避学习，越逃避学习技术能力越弱，最终技术水平也不可能有提升。

我们停留在惯性思维里，通常都是因为我们在外在行事习惯下做出改变很困难，在潜意识里会认为没办法改变，进而选择逃避，不做出任何改变，由于缺少理性的思考、变革的魄力和合理的规划，最终让糟糕的现状愈演愈烈。如图 5-5 所示。

当我们发现自己每天的工作和生活陷入了一个惯性的状态时，就需要打破惯性思维，从更高的角度来看待这些问题，不断反思自己的工作和生活，保持敏锐的观察力和足够的好奇心，不要只是日复一日地惯性工作，留一点时间给自己思考，在工作实践中不断反思学习。深度思考能够让你更加高效地工作，帮助你节省更多的时间。

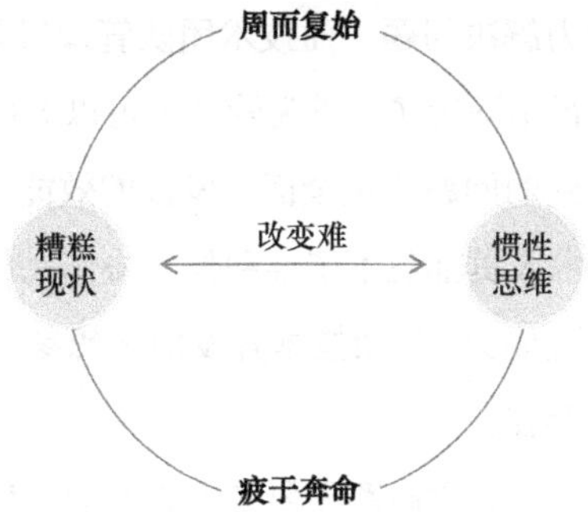

图 5-5 现实难改变的原因

5.2.4 爱上工作

我不信你没有吐槽过你的领导，不为其他，只是因为你觉得他“华而不实”！

每个技术人员起初都想过要安静地写一辈子代码，活在编码的世界里，这样他们会感到愉悦和充实，但管理这件事情在他们看来琐碎而无趣，觉得离自己很遥远。随着年龄的增长或公司的要求，他们不得不走上管理岗位的时候，心中难免会充满恐惧，至于原因，我认为是对“管理”这两个字有误解。

第一个误解：技术和管理是两条平行线，没有交集。

很多人认为转管理岗后自己热爱的技术就会被丢掉。的确，成为技术团队管理者后，每天要统筹规划各项事务，留给编码的时间会减少，但这一点也并不影响技术能力的提升。技术团队管理者的工作时间不同于技术人员，相对弹性较大，可以合理安排工作，研究一些前沿技术。对于自己喜欢钻研的东西，怎么也丢不掉的。技术能力并不是仅仅在工作时间才能提升，自己若不放弃，不管外界如何变化都不会影响自己。

第二个误解：技术人员不善言辞，不适合做管理者。

技术人员多数喜欢和机器打交道，性格内向，不喜欢和别人交流，更别谈领导一群人做事。的确，管理者给人的感觉应该是出口成章，能说会道。这其实有点以偏概全了，带领好团队有很多种方式，并不一定要“会说”才行，有很多不善言辞的管理者，他们都是技术出身，一样可以带出优秀的团队，做出令人惊叹的产品，微信的创始人张小龙就是很好的例子。

另外，技术人员和管理者，其实本质在干同样的事。

技术人员依靠个人能力解决问题，而技术团队管理者是带领一群人解决难题，都是解决问题，只不过路径不同罢了。成为管理者可以突破个人价值的天花板，站在更高的层级看问题，看到的问题会更全面，发挥的效能也更大。

其实，工作中每个技术人员都免不了要和他人协作完成任务，但这些协作性工作的过程就需要一定的管理能力，只做技术开发而不想参与任何协作性工作的技术人员在互联网公司几乎不存在。

写代码也好，做管理也罢，我们都需要爱上我们的工作，因为只有喜爱当前从事的工作，每天面对它时才会有热情，这决定了我们能投入多深，能在这行取得多少成就。

互联网公司的技术团队管理者常常带团队做一些有挑战的项目，爱体验各种互联网的产品，热衷研究技术、运营、产品之间的运作模式。相比于技术人员，他们又对各种数据信息比较敏感，常常会冒出一些“奇怪”的商业想法，喜欢定期组织团队做分享，帮助自己和团队提升能力，同时他们又是走在科技最前沿的一群人，面对未来的各种不确定性，可以带领团队交付一个个好产品，工作会充实而有价值。

但同样面对这个岗位，很多技术团队管理者可能并没有爱上当前的工作，随着年龄渐长每天工作却身心俱疲，还要面临失业的风险。激情可以点燃梦想，却很难维持长久的动力。好的工作其实是规划出来的，任何时候你都有选择，不要抱怨，你可以尝试规划一份让自己热爱的工作。

具体怎么做，我们一起来看。

1. 专注工作

我接触过的很多技术大牛，从初级入门到能独当一面，但凡进步迅速的，必定工作非常专注。他们在日常的工作中基本都是沉浸在编码中，几乎到了忘我的境界。团队内部随处可见那些带着大耳机的工程师。

知乎上有一个提问：程序员上班时戴耳机是在听什么？高赞回答：戴上耳机是告诉其他人不要打扰我，实际上并没有在放音乐。

专注似乎是成为一个行业高手的前提，要想能够出色完成工作并且在这个行业有所建树，你就需要专注地工作。专注工作的成果会让你很有成就感，对工作成果也会格外珍惜，觉得它迷人而又富有意义。你在工作时也会心无旁骛、专心致志，达到了心流的状态，甚至忘了自己的存在。

2. 发挥优势

在工作中找到自己的优势点，并将其充分地发挥出来，有了优越感工作就会有动力。

例如多年前我的主业是研发工程师，整天写代码、改 bug，但相比于其他技术人员，我擅长互联网运营，也更懂产品，这些事情看似互相独立，却帮我能以多维度的视角看问题，在带项目和带团队时就会发挥很多优势。首先，我能站在业务和用户的角度看问题，而不单单只考虑技术实现的问题，也能考虑到业务变化可能；其次，我能感受到实际的操作场景，而不只是为了实现生硬的功能而做开发；再次，我不再追求完美的技术方案，而更多考虑合理的方案；最后，我在项目中会考虑节奏、策略和成本意识，会在计算收益和成本后再选择实施方案。

所以要找到自己相对于别人更有优势的地方，并把它应用到你的工作中，这也能帮你爱上当前这份工作。

3. 坚持学习

互联网时代变化非常快，为了应对市场的变化，我们也应该做相应的调整，技术也好，管理也罢，都是为了能够在这个变幻莫测的市场中生存下来。

只有不断地学习，才能快速成长。随着知识的丰富和能力的提升，我们的选择也会变多，每个行业的竞争都很激烈，能够在一个行业里发展得很好的人，一定是付出了异于常人的努力。

清楚地了解自己要什么并为之付出努力，这是一切有效积累的前提，它能扫除你内心的不安与恐惧，渐渐地就会对当前工作产生兴趣，进而会更加热爱，只等待一个市场机会到来，你就会成为这个行业中优秀的人。

5.2.5　提高岗位胜任能力

我们知道岗位胜任能力决定了工作效率，那么技术团队管理者需要哪些岗位胜任能力呢？我从招聘网站随机采集了 1000 份技术经理和技术总监的岗位描述，从岗位描述中可以看出，技术团队管理岗位对技术能力、团队管理、项目经验、流程制度建设都有要求。企业招聘技术团队管理者不单看学历，而会更注重实际工作经验和技术能力，如图 5-6 所示。下面我们一起从岗位需求、技术能力、学历和经验以及综合能力这 4 个维度来对技术团队管理者的岗位胜任能力进行分析。

图 5-6 技术团队管理者岗位胜任能力关键词标签

1. 岗位需求

通过招聘网站搜索“技术经理”或“技术总监”关键词时，搜索出来的职位还是很多的，职位的更新频率也很高，说明企业对于技术团队管理岗位的需求依旧很旺盛，从 20 人以下的初创型企业到 1000 人已上市的大型企业，都有对招聘技术团队管理岗位的需求，不同规模企业对技术团队管理者的岗位要求也基本相同，通过图 5-8 可以明显看出团队管理能力、工作经验、技术能力、产品规划、协调沟通能力和项目管理能力是用人单位比较看重的能力。

随着互联网的快速发展，企业对技术团队管理者的能力要求也越来越高，技术团队管理者只掌握单一的技能已经不能满足企业的需求，而必须要掌握工作中所需要的各项技能，这些技能成为技术团队管理者职场生存的基本能力，如果不能全面提升这些能力，那么在激烈的市场竞争中将会被淘汰。

2. 技术能力

图 5-9 是由 1000 份岗位描述中所涉及的技术关键词，分组后生成的词云。词频较高的关键词是 Java、PHP、APP、Linux、Spring、J2EE、MySQL 和 AI，对图 5-6 和图 5-7 两张图片可以看出，技术团队管理者需要具有较强的编码能力，要精通 Java

语言或 PHP 语言，甚至是前端 APP 的开发，能掌握主流开发框架和主流数据库的使用，熟悉 Linux 命令，以及有架构设计和大流量性能调优的能力。

图 5-7 技术管理岗位技能关键词标签

通过图 5-7 还可以看出，技术团队管理岗位更多需要掌握后端技术，如 Java 语言、PHP 语言、数据库应用以及 APP 开发技术，而这些技能要求对于后端开发人员、运维人员和 APP 开发人员转技术团队管理岗位会有明显的优势，但无论如何，技术团队管理岗位对技术的依赖很大，技术能力仍然是考量技术团队管理者能否胜任的一个重要因素。管理者技术强有利于和团队高效沟通，不会让团队有排斥感，觉得是外行领导内行，同时在技术方案的评审、任务的分配和监控以及风险的识别上，技术型的管理者也更占优势。

3. 学历和经验

我们对 1000 份技术团队管理岗位的学历要求进行分析后，生成了学历要求的比例图，如图 5-8 所示。技术团队管理岗位对学历的要求基本是本科以上，学历成了不可或缺的入门条件。学历要求降低了企业人才的筛选成本，高学历大概率代表了“专业”，学历成为一个企业招人的基本门槛。这也很好理解，高学历技术团队管理者的学习能力、努力程度、抗压能力、综合素质等方面都要优于低学历的人。

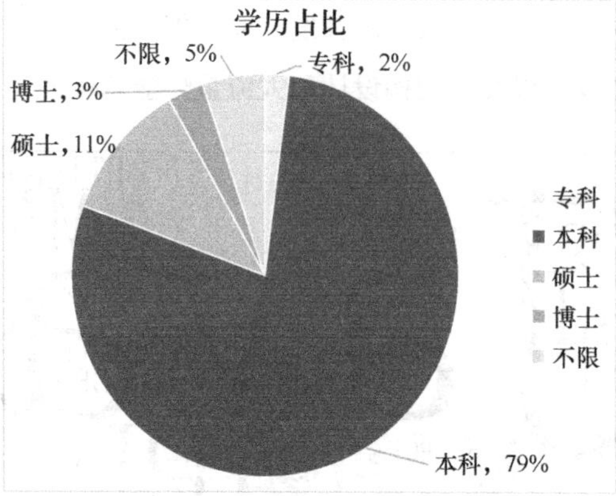

图 5-8　技术管理岗位学历要求比例图

除了对学历有明确的要求外，岗位描述中对于工作年限也有明确的要求，如图 5-9 所示。技术团队管理者的工作年限普遍要求在 3～10 年，对于 10 年以上的占比仅仅在 5%左右，如果技术人员按 22 岁大学本科毕业来推算，具有 10 年工作经验的技术人员的年龄应该在 32 岁。32 岁之后想转型做技术团队管理者并不占优势，相比于 5 年前的招聘要求，32 岁这个年龄又提前了几年，所以对技术人员来讲，越早转型，可选择的机会就会越多。

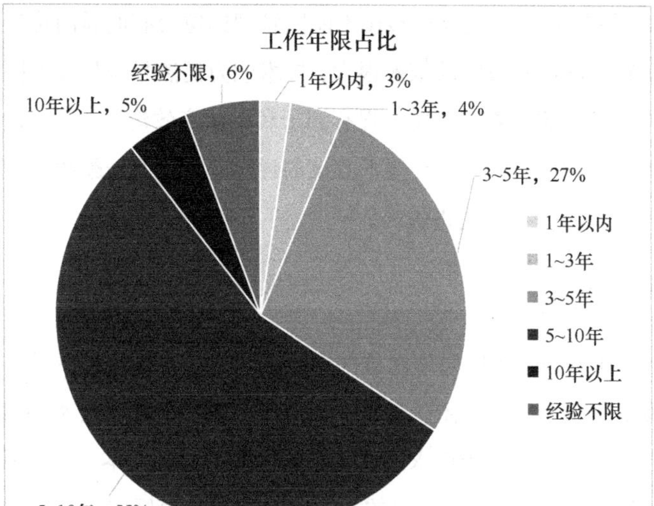

图 5-9　技术管理岗位工作年限比例图

对于部分招聘需求的岗位描述中要求技术团队管理者的工作年限在 3 年以内

的，基本上都会特别看重学历和以往的工作经历，例如211或985相关院校毕业，在一线大型互联网公司有过工作经历等。不过对于技术团队管理者学历不高和年龄较大也不要太失落，不要因为一个学历和年龄就把自己全盘否定，可以通过技术实力来弥补，毕竟技术能力才是企业最看重的。

4. 综合能力

互联网公司要求快速交付产品、要求团队能够拥抱变化、价值驱动、快速反应。在这样的要求下，企业招聘时除了要求技术团队管理者有一定的带队经验、能提高团队技术水平并营造良好的团队文化外，还需要他们对项目要有规划和管理能力，能有效地对项目进行分工安排，控制项目进度和交付质量，以及跨团队和跨部门的协作能力。

同时企业对技术团队管理者的软性能力也有一定的要求。例如要求技术团队管理者有最基本的职业操守，有良好的沟通和合作精神，能主动思考，有责任心，有逻辑分析能力，对工作有激情。这些软性的素质要求可以提炼成这几个关键词：责任心、主动性、勤奋度、学习力、兴趣度、自驱力、灵活度、逻辑能力。

由此可见，技术团队管理者需要有处理事务的综合能力，对下，要有用人、管事、出结果的能力，带领团队成长并为目标负责；对上，要有总结汇报能力，并把握公司整体技术发展方向；对自我，需要不断加强内在修炼，提升技术能力和自身的综合素质；横向，要有出色的协调和沟通能力，提升横向协作效率；对业务，不能仅局限于项目功能，而是要站在商业角度，深度融合技术和业务，通过技术驱动业务；对技术，要持续学习新技术，解决系统核心技术问题，提高团队整体技术水平。

5.3 精通技术，更要懂业务

技术团队管理者的大部分时间都花在了和技术直接相关的事情上，如编码、技术方案设计、技术评审等。为了做好这些事，技术团队管理者要比团队成员学习更多的技术才能领导技术团队成长，评估技术方案的可行性，设计更加合理的系统架构，以及技术评审时快速地给出合理的建议。技术能力越强，在这些事情上花的时间就越少。

另外，技术团队常常会遇到强加工期的问题，例如，老板在没有和你商量的情况下，让你在指定的时间点上线项目，但你和团队仔细一算，发现时间太紧，完成的可能性很小；再如，技术团队经常从产品部门或业务部门听到这样的话：“这很简单吧？两天时间足够了吧？”“你们开发得太慢了，都 3 天了还搞不定，客户等不了!”这些话在互联网公司非常常见，而技术团队管理者的技术实力越强，在工期的制订上就越容易令人信服，老板、产品和业务人员也会越尊重他们提出的技术方案，进而减少不必要的沟通。

对外而言，作为一位技术团队管理者，必须让别人知道自己的技术实力，实力代表着信任，同时也会争取到更多的权利，有了信任和权利会减少很多阻碍，工作推进也会更加顺利。

对内而言，如果技术团队管理者的技术实力不强，则很难服众，也会备受争议，更别谈带领团队高效地完成项目了。同时，技术团队管理者的技术实力主导着整个部门的技术方向，搭建合理的技术架构，能让团队在开发中事半功倍，他们的能力的强弱决定了团队会走多少弯路。

但要注意的是，技术团队管理者虽然要精通技术，但是更要懂业务，即能站在业务的角度思考技术问题，精准地切中需求，真正解决实际业务问题。评估技术方案时，不能带有“技术为王”的思想，因为技术服务于业务，应更多地从业务角度对技术进行架构设计，避免盲目地追逐技术的高大上。

如果技术团队管理者懂业务，在做需求分析和架构设计时就能有效地规避一些错误，能把明确的业务需求和技术结合起来，知道如何用技术实现需求，用技术驱动业务，确保交付结果不偏离业务，进而减少团队成员疲于奔命地忙于循环往复的需求“修补”之中。

几年前，我接到一个紧急需求，要求在一个月内上线一套广告系统，团队内部做项目功能讨论时，大多数人还是先从技术角度思考去设计系统的一系列功能，而不思考业务的关联场景，如支付、会员、财务结算等，这些对于公司都是需要集中管理的，系统功能拆分开虽然能满足业务要求，但是业务人员统计数据时会非常不方便。通过讨论，在时间较紧急的情况下，我并没有做出立即开发系统的决定，而是先做业务分析，其原因有两个。

（1）目前的广告系统并不能完全独立，因为会员账户、财务结算、供应体系、媒体信息、业务订单这些业务功能需要和其他系统打通，数据做统一处理。

（2）一个月上线一套功能复杂的广告系统，在人手有限的情况下的挑战还是非常大的，前期不深入了解业务只会越忙越乱，必须要弄清楚 1.0 版本核心的几个做且仅做的功能，最大化满足业务需求。

最终，项目如期上线，后面的业务也平滑过渡得很顺利。

技术领域发展很快，技术团队管理者要不断学习前沿技术，把控团队的技术方向，解决业务难点，提升技术价值，让公司和团队信服，有了大家的认可才能带领团队打赢一场场硬仗。

5.4 沟通管理

作为技术团队管理者，向上汇报非常重要，如果能高效地汇报工作进展，让领导觉得办事靠谱，自然就能获得更多的工作支持，工作的开展也会更顺利。

5.4.1 向上汇报

工作中遇到问题时，你会主动向上汇报吗？每次和上级汇报都顺利吗？

在实际的工作中，很多技术团队管理者都不擅长做向上汇报，向上汇报时总体表现出两个问题，一是准备不充分，说不清楚；二是表达没有逻辑，抓不住重点，不知道上级想要的答案是什么。在汇报中如果抓不住领导的真实意图，就会试图给领导更多的答案，最后越弄越混乱。

那么如何才能做好向上汇报呢？

向上汇报，首先需要明确目标，即向上汇报的重点事项是什么，认真分析领导听完汇报后提出问题的真正意图。其次，为了让汇报能抓住重点，节省双方的沟通时间，需要对信息进行整理和汇总。最后，汇报时最后用结论+问题+建议的形式汇报。

1. 明确目标

向上汇报前需要先确定本次汇报的目标，有了目标，收集和整理信息时才会更有方向性，汇报时领导也更能明确汇报的目的，从而避免事无巨细地讲述细节过程。

要确定汇报目标，可以思考这几个问题——项目进展如何？遇到的问题是什么？需要获得的帮助是什么？结果如何？采取了哪些措施？下一步计划是什么？通过对这些问题的梳理，汇报目标就会很详细了。

2. 准备内容

项目向上汇报中需要准备的内容包括问题难点、进展情况、处置措施、目前成果和预期结果等，然后对收集的信息进行提炼总结。具体内容如图 5-10 所示。

图 5-10　汇报内容收集的过程

准备汇报的内容涉及项目开展中有效的关键信息，包括投入人力、项目进度、进度偏差、纠偏措施、延期风险、测试质量等。整理的信息要尽可能全面，不要有遗漏。信息汇总后再对信息重做减法。留下关键的核心信息，对这些关键核心的信息提炼总结后就形成了汇报的核心结论，通过这些核心的结论就能把事情说明白，这样的汇报既有效率又有质量。

3. 汇报方式

汇报时，首先采用结论先行的方式汇报，让领导直接获取关键信息，这些结论来源于对信息的提炼总结。然后，说出项目中遇到的问题和阻碍，让领导知道项目实施的难度，为寻求支持做铺垫。最后，提出自己的建议，建议最好不要少于两条，让领导可以直接做选择。

每次向上汇报时明确好目标，做好信息提炼总结，选择合适的汇报方式，这样向上汇报会简单高效得多，同时每次汇报也提升了自己的总结归纳及表达能力，每一次高效率的汇报，都增加了领导对自己的信任。

5.4.2　横向协作

互联网公司中技术部门和业务部门的关系通常都不是非常融洽，主要原因是大家的目标和利益不同，但是技术部门和业务部门又是需要高度配合的部门，所以技术团队管理者搞定横向协作事务的能力就显得非常重要。

在横向协作上，首先需要制定合理的跨部门协作规范、制度和流程，确定做事的协作机制，按照流程规范执行工作，这样职责才会更加明确，还可以杜绝口头传递产品需求给技术团队造成的不必要干扰，因为口头需求往往是不成熟的想法，更没有人会为口头需求承担责任。

除了制定规范流程，还需要让业务团队承担需求开发的成本，例如，技术部门经常会听到这样的声音："对于这个需求你们要抓紧开发，不能耽误，需求只要上线，就会有很多客户签单！"面对这种声音，理智的回复就是："只要你签下书面保证需求上线后至少××家客户会签单，我们就立刻加班赶工上线。"这时基本上不会有任何业务人员敢承诺。技术部门的人力有限，技术团队管理者要把有限的人力投入到重要的需求开发中，这才是对公司和团队负责。

对于技术部门和业务部门之间横向协作效率低的情况，技术团队管理者要深入一线找到问题的根源，避免资源不必要的浪费，帮助推动业务和技术的高效合作。关于一些复杂且需要跨多部门协作的事项，下面的几点做法可供参考。

（1）**明确重要性**。各部门的职责和接收的信息各不相同，双方很难站在对方的立场上看待协作的事项，因此，要明确事情的紧急度和重要度，才会引起对方的重视。

（2）**确定共识事项**。双方站在不同的立场考虑各自的利益，对于很多事项达不成共识是很正常的，可以先从达成共识的部分入手。

（3）**建立利益联系**。从事情的收益方面分析，想办法把当前事项和别人的利益联系起来，这样才能调动对方的积极性。

（4）**准备备选方案**。准备多个备选方案，让对方觉得受到了足够的重视，并且和对方一起讨论确定最终方案，共同讨论的过程可以使对方有参与感，也会更认同方案。

（5）**重视沟通痕迹**。对于已确认的事项以及对方答应会协助的事项，可以通过电子邮件或书面确认，确保有迹可循。

（6）**明确跟进事项**。对于待办事项，要明确对方的具体责任、交付时间节点、交付的结果和形式。

每个公司都会有一些不靠谱的部门主管，当你遇到这样的人，要时刻提醒自己，自己代表团队的形象，保持自己应有的职业素养，用平和的心态谈事情，更多地就事论事，尽自己最大的努力把事情搞定。

如果实在搞不定，只能请上级来协调，或者多方沟通时让领导也在场，这样会减少很多不必要的争执。沟通是一门学问，需要不断地锤炼，当出现沟通障碍时，我们要先从自身找问题，换位思考，多体谅别人的难处，这样可以帮助你扫清很多阻碍。

真诚待人，努力工作，提升能力，这些都会被别人看得到，保持一颗正直的心，别人自然会尊重你。

5.4.3 向下识人

一个刚步入职场的技术人员，面临最大的问题是如何做事？几年后，技术驾轻就熟，面临最大的问题就是如何做得更好？当步入技术团队管理岗位之后，思考最多的问题就是找谁来做？

由此可见，识人的能力对技术团队管理者来说非常重要，对于识人，很多技术团队管理者喜欢在和下属的沟通中，通过下属的沟通能力用感觉评判下属的能力强弱。

用沟通技巧来评判下属的能力，其实是非常片面的，因为沟通技巧只是一种表达方式，并不能完全体现下属能力的强弱，沟通的核心是内容，技术团队管理者要透过表面的沟通看到背后的实质内容。

例如，团队里有这样两个技术人员，一个性格外向活泼，技术能力一般，但沟通能力强，善于揣测对方的心思；另一个技术能力强，不注重沟通技巧，说话直来直去，不在意对方感受。那么，对于这两种不同类型的下属，技术团队管理者该如何任用呢？

对于第一种类型下属，对他要严格要求，一个特别能说的技术人员，技术团队管理者要特别留意他的“动手”能力，对于平时安排的工作，要让他讲出具体的实现思路或和他一起讨论实现方案，不要直接给答案，让他能有一个思考过程，这样可以提升他的技术能力。对于第二种类型下属，首先，技术团队管理者要有能力识别沟通中的事实和情绪，不能被他的说话方式影响；其次，要对他提出更高的要求，把他的技术能力更好地发挥到工作上，让他带领更多的人提升技术能力；最后，对于偏管理和协调性的事务尽量减少他的参与。

所以，技术团队管理者不能简单地用一个下属是否“会说话”来区分下属的能力，这样容易被自己的主观情绪影响，做出对下属能力的错误判断，最终导致团队变成“说得好听，做得难看”，了解一个人，不是看他说了什么，而是看他思考了什么，做了什么。

5.5 小结

- 公开目标、记录时间日志和深度工作可以在碎片化的时间内提高工作效能。
- 以问题为导向学习，找到行业大牛深度交流，打破惯性思维，这些都是高效学习和工作的好方法。
- 技术团队管理者不仅要精通技术，还要懂业务，这样才能站在业务的角度思考问题，提出更合理的技术方案。
- 明确汇报目标，提炼汇报内容，选择合适的汇报方式，向上汇报才会变得简单高效。
- 对于一些复杂且需要跨部门协作的事项，需要明确重要性、建立利益联系、准备备选方案、重视沟通痕迹、明确跟进事项。

第 6 章 绩效管理

你对你们团队的绩效考核满意吗？为什么很多技术团队的绩效考核往往事与愿违，越考核越起反作用呢？

物质激励不一定对每个技术人员都起作用，驱动和激励优秀的技术人员工作的往往是自我价值的实现，所以技术团队管理者到底该如何对技术人员进行绩效考核呢？

如果你的团队里有一个技术人员，在一个季度内没有犯过任何错误，但是也没有明显的成长，作为技术团队管理者，你会给他的绩效打多少分呢？

我曾经在一家大型互联网公司就职，因为对工作机会格外珍惜，所以在工作上非常认真努力，因不擅处理对上关系，业绩常常被老员工“抢”走，自己的绩效很少被评到优秀。

后来发现每次评完绩效后，部门总会有一帮同事暗自神伤地在一起议论说“自己的绩效评得太低了”“给某某的绩效评得真是太高”“如果我是领导的话，我肯定不会这样打绩效”之类的话，这时才发现原来我并不孤单。

当时刚步入职场，对绩效考核并不理解，觉得绩效考核根本就没用，后来对带团队和做管理有了一些认识后，我改变了想法。在做技术团队管理者的这些年里，我一直在思考一个问题——技术人员的绩效到底该如何考核？在回答这个问题前，我们先了解一下绩效考核。

6.1 认知绩效考核

企业收益的最大化要依靠每个个体的全力以赴，所以要激发每个员工不断奋进，共同实现企业目标，就需要建立一套绩效考核机制。所谓的“绩效考核”，就是用可量化的指标对员工设定的目标进行评价，并把评价应用到员工的工作中。通过设定目标、价值评价和结果应用这 3 个环节对员工进行激励。

绩效考核打破了平均主义，通过激励的方式提升了员工的积极性，进而提升了企业的经济效益，绩效考核的主要作用包括以下 4 点：

（1）**利益驱动，激发潜能。**绩效结果直接决定薪资收入，通过薪资收入激励员工，给员工树立公平的竞争环境，员工所有想要的都可以靠自己的努力和奋斗得到。员工不断拼搏，企业才能获得快速发展和壮大。

（2）**达成目标，提升业绩。**把企业目标和员工行为联系起来，通过把企业目标分解成绩效指标，达到激励员工行为的目的，可以有效地帮助企业改善和提升业绩。

（3）**价值评估，衡量贡献。**绩效考核是对员工创造的价值进行评估，衡量员工做出的贡献，进而帮助企业发现优秀人才，这种考核机制促进了企业的健康发展，也帮助员工不断完善自我。

（4）**挖掘问题，优化改进。**绩效考核是一个目标设定、执行、改进，不断发现问题，并再优化的过程，是企业进化的重要手段。

企业的绩效考核通常有考核周期、考核目标、考核等级，并对考核结果进行评价再应用到工作中。考核周期因企业要求不同会不一样，每个企业都有自己的考核周期，总体来说分为月度、季度和年度 3 个不同的考核周期。考核的内容大致包括工作完成情况、行为、企业文化等。在考核周期内设定考核目标，对于绩效考核的目标，一般由企业制定总目标，然后拆解到部门目标，最后再落实到个人目标，目标设定有责任人、考核指标数据化、目标方向上下一致，这样才能达到目标层层分解的目的。

有了目标后就要设定考核目标的指标，考核指标一般由技术团队管理者设定，然后技术团队管理者根据考核周期内的业绩产出进行综合打分，确定考核结果。考核指标虽然是量化的数字，但考核结果很大程度上会带有一定的主观性。对于考核的结果一般会进行分级，以达到区分技术人员不同价值产出的目的。一般会有 4 个等级，分别为 S、A、B、C，4 个等级的考核结果占比一般是 S 占 10%，A 占 20%，B 占 60%，C 占 10%，技术团队管理者根据员工贡献确定考核结果。

确定了绩效考核的结果，接下来就是对考核结果的应用。把绩效考核的结果应用到工作中能及时发现问题，完善和改进企业制度；激励员工向预期的方向拼搏，把合适的人放到合适的位置上；合理分配员工利益，协调好贡献与利益的关系。

上面常规的绩效考核操作看似简单，但做起来却不容易，这非常考验技术团队管理者的能力。对于绩效考核，技术团队管理者很可能“一听就会，一做就废”，结果甚至事与愿违，越考核越起反作用。其实，这里的关键在于绩效的指标无法完全量化，常规的绩效考核都是以具体数据为考核指标，很难满足灵活多变的企业形式和业务形态，也很难考核出技术人员创造的实际价值。下面我们一起看看哪些因素影响了技术人员的考核指标被具体量化。

6.2 传统绩效考核的弊端

技术团队为了项目按期交付，常常彻夜赶工，加班加点，团队中的每个人在项目中都付出了很多，很难衡量谁的价值更大些，因此，根据常规的绩效考核的指标来评定大家的工作成果并决定技术人员的去留，对技术团队管理者来说的确是一件很困难的事情。目前也没有一套完美的绩效指标能对技术人员的成果给出客观公正的评价，其主要问题表现在产出衡量难和业务融入难，如图 6-1 所示。

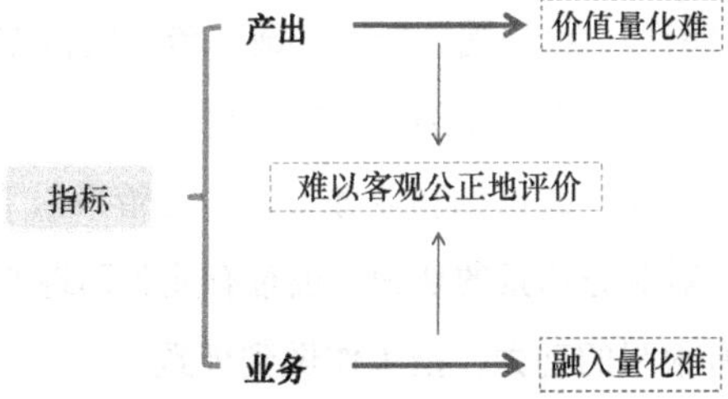

图 6-1 绩效考核的困境

6.2.1 产出价值量化难

技术人员虽然属于“手艺人”，以结果说话，但同时也是脑力劳动者，相比于行政人员，评估技术人员的工作成果价值的关联因素较多，无法设定统一的考核标准。技术人员平时需要持续钻研和思考，才能出色地完成一些挑战性的工作，所以，对于他们的绩效结果的考核，需要起到激励创新精神和培养创造能力的作用，这些创新精神和创造能力，如果通过一些可量化的指标进行考核，最终往往不会理想，甚至事与愿违，怨声载道。

因为无法考核脑力劳动者的创新能力和创造能力，很多互联网企业使用技术人员日常工作中涉及的技术指标作为绩效考核的指标，这些考核指标只是基本的工作内容，可以作为对初级技术人员的基本工作要求，并不能起到激励中高级技术人员的作用。

另外，绩效考核的结果用冷冰冰的数字来打分排序，忽略了工程师交付结果背后的价值，交付结果的价值往往需要经过市场和用户的检验才能准确地体现出来，短期内这些考核指标很难用数据衡量，得出的结果自然也不会合理，所以最终绩效评估必然会带有技术团队管理者较多的主观判断，这些主观判断自然会带来下属的异议。

6.2.2　业务融入量化难

技术人员除自身的技术贡献外，对业务的贡献也非常重要，所以技术部门的绩效考核中通常会加入业务贡献的考核指标，但现实情况是，除了考核指标无法量化，对业务的贡献也很难考核，因为技术人员很难融入业务中。

企业里各个部门的职责是通过工作内容划分的，企业发展壮大后，各部门就会各自为政，形成“部门墙”，“部门墙”一旦形成，跨部门协作就会非常困难，当各部门只关心本部门的工作，对于其他部门的情况自然就不会知晓，但技术人员平时更多按照业务需求进行开发，离市场和业务太远，会带来以下3个问题。

（1）技术人员缺乏对业务场景的认识，很难有业务同理心，工作的价值很难被体会到，自然就不会有很强的动力，把工作做到极致。

（2）由于对业务理解不够，很难站在商业角度把技术融入业务中，对业务提供技术和数据的支撑缺少技术驱动，业务很难呈指数级增长，增长黑客就是最好例证。

（3）技术人员和业务部门协作效率低，业务需求多层次传递后，到技术人员开发时，往往会有传递损耗，导致需求失真。

技术离不开业务，如果离开业务，技术就很难发挥价值。技术和业务两个部门只有通力配合，把技术深度融入业务中，才能取得好的业绩，但实际工作中两个部门协作效率很低，其原因首先是互联网公司的工作节奏非常快，技术人员大多数时间都在对着计算机编码，和业务部门沟通较少。其次是技术部门和业务部门的目标和利益不一样，利益矛盾就会让厚厚的“部门墙”始终存在。因为这堵“墙”的存在，即使技术人员努力完成工作，只要结果不完美，就会招来他人的抱怨。最后是部门间的边界工作很容易因职责不清而产生矛盾，因为各个部门都是单一职责，每个人的想法都是做好部门内工作，边界工作依赖别人做。同时各部门绩效也独立考核，这必然带来部门合作能量的损耗。

业务融入度是一个很难量化的指标，跨部门合作这面“墙”一直影响技术和业务的深度融入和协作，成为很多企业的痛。如何设定合理的绩效考核指标让企业信息透明共享、目标清晰一致，发挥技术人员最大效能，一直是技术团队管理者要持续思考的问题。

到这里你应该就能明白，常规的绩效考核已经无法对结果做出公正的评价，只通过常规的绩效考核手段对员工的工作业绩进行评估以确定员工贡献的做法几乎行不通。

6.3 敏捷的绩效考核

由于无法直接对技术人员的工作成果进行衡量，因而对日常的工作进行量化如保障项目高质量的按期交付、保障线上无故障或者出现故障极快修复、长时间高效率工作等，也都无法起到有效的作用，同时，还要促进技术和业务的深度融合。基于此，我们就不得不从绩效考核的目的和本质出发，来重新梳理绩效考核的核心。

那么绩效考核的核心到底是什么呢？其实考核的核心只有一个——构建自驱的内核文化，增进部门合作仪式感，以关键技术驱动业务增长。

物质激励不一定对每个技术人员都起作用，驱动和激励优秀的技术人员工作的往往是自我价值的实现。所以，要改变常规绩效考核的方式，打造出高绩效的敏捷团队，技术团队管理者可以把绩效考核分为下面 3 个部分：责任、价值和成长，如图 6-2 所示。

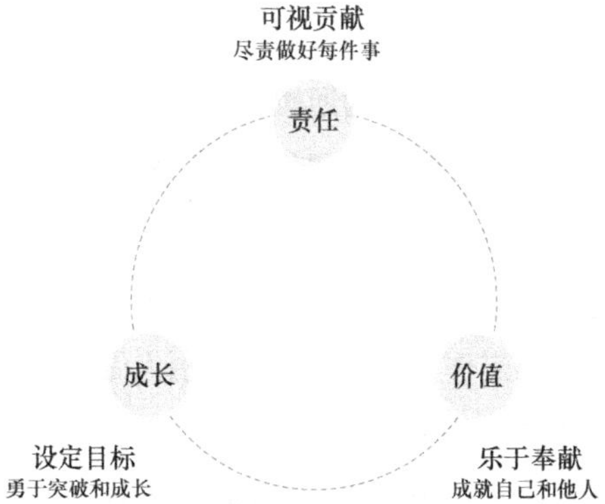

图 6-2　绩效考核的 3 个维度

6.4　责任

提到“责任”这个词，你能想到自己身上有哪些责任吗？责任几乎与生俱来，我们每个人都会因为环境和身份的不同而承担不同的责任，例如在家里我们既有做子女的责任，也有做父母的责任，在公司里我们也会有做领导的责任和做下属的责任，责任可以说是一种身份的标签。

6.4.1　责任化解危机

对于有责任感的人，我们会觉得更靠谱，更能够实现目标，同时更能赢得他人的尊重并愿意跟随，因为责任感也是做好工作的先决条件。作为技术团队管理者，我对这一点的感受格外深刻。

我早期和朋友一起创业，当时有一个产品销售的难题，因为团队刚刚起步，没有创业资金，根本招不起销售人员，团队里全是研发人员，多数性格内向，没人做过销售工作，而当时我们必须要解决这个销售难题。让一群只会做程序开发的人做销售的确是一件有相当有挑战的事情。但我清楚地知道，必须要有人承担解决这个难题的责任，不然整个团队很快就会垮掉。面对当时的难题——一面是团队亟待解决销售问题，一面是团队成员从未涉足过销售这一领域，如果是你，你会怎么办？

我们想到的第一个解决方案是学习大公司系统的销售知识，但是经过一个月的摸索我们发现，那些套路根本行不通。

为什么呢？因为大公司的产品非常全面、功能非常强大，加上有非常强的品牌背景，即使简单培训后上岗的销售人员的成单率也非常高，这些优势对一个初创业务团队来说，一个都不具备，学来的销售技巧一个都用不上，这条路行不通！

我们当时相当沮丧，经过几天的深思后我们感悟到一点，要想打破当前的现状，走出困境，靠的一定是团队的核心优势。我们的核心优势是什么呢？是研发能力和拼搏的毅力。能人所不能，忍人所不忍。用较低的价格承接项目并把它做到极致，把口碑做好，客户自然会来，而这样的项目往往利润极低，而且非常考验团队的责任心，所以我们当时也清楚地知道，如果不建立一套机制，团队根本就坚持不下去，很快就会有人离职或退出。想通了这一点，我们就开始建立责任文化，让大家接受并认同这种文化。正是这种责任文化最终帮我们走出了困境。对每一个项目倾注责任，用心服务，和客户建立信任，从根本上彻底解决了销售问题。

这是自己亲身经历并且受益匪浅的事情，至今记忆犹新，仿佛就发生在昨天。

6.4.2 尽责做好每件事

这件事情过后，我带团队时总会把责任作为团队第一个考核要点，要求每天尽责做好每一件事情，当天完成计划的目标，扫清工作遗留的问题，防止问题积累，并在 wiki 知识系统上构建透明的“考核”过程，使全员参与进来。团队成员共享当天工作内容，既有利于团队横向学习，又有利于纵向自我比对，如图 6-3 所示。

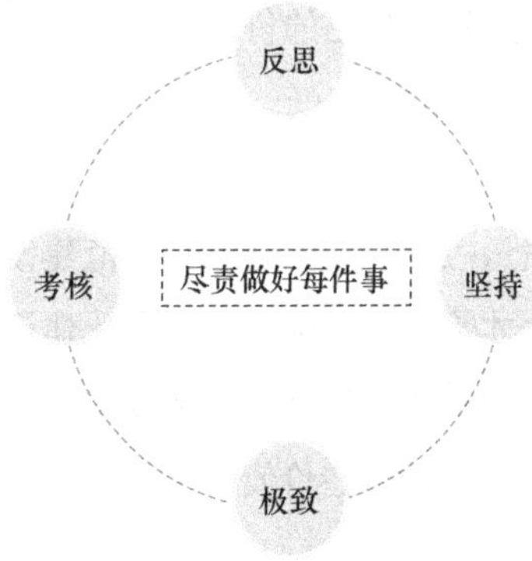

图 6-3 做好每件事的要求

团队每天通过 wiki 知识系统记录工作事项，对每项工作标记具体差异，工作结束之后对当天的工作进行反思总结，每天提升一点点，半年后再看之前的内容，会发现成长惊人。团队里有一个测试的小伙伴，看她前两个星期的工作内容，会发现她做任何事情都是笨笨的，不知道如何开展，通过每天坚持把一件事做好，总结反思，很快工作思路就清晰很多。

技术人员不仅要有责任地完成工作，还要善于在工作中思考和总结，只有深入思考不断调整工作方法，才能形成工作经验，同时要及时记录工作中的感悟、思考和困惑，不断学习和实践，把问题消灭在萌芽阶段。

对于尽责做好每件事，起初坚持起来有点困难。工作中琐碎的事项很多，要扫清所有问题很不容易，心理上会说服自己明天再继续，因此，技术团队管理者要严格检查工作完成情况，要求每件事情做到“极致”，通过每一件事情的完成结果关联团队成员的“责任”。

尽责做事能帮助团队提升解决问题的效率，磨炼团队的韧性，同时尊重岗位工作，在持续解决问题中获得做事的动力。分析问题靠的是智慧，解决问题靠的是责任，很多时候责任比智慧更重要。

技术团队管理者通过要求团队尽责做好每一件事情，帮助团队成员建立责任意识，记录价值贡献，可视化每个人的成长，让团队在工作中学习进步，在尽责解决问题中锻炼成长。

6.5　价值

任何一个人都想在团队中体现自己的价值，一个组织如果能持续给员工展现价值的机会，这个组织的离职率一定会很低。对一个技术人员来讲，价值体现在 3 个方面。

（1）技术攻关：包括质量控制、技术分享、规范建设和自研项目。

（2）组织共建：包括人才管理、目标激励和文化建设。

（3）协作创新：包括横向协作、进度管理和技术驱动。

下面我们看看工作中如何推动这些价值的实现。

6.5.1　技术攻关

技术人员首先需要发挥自己的价值，帮助团队提升研发能力，在日常工作中可以通过质量控制、技术分享、规范建设和自研项目这几个方面入手。

1. 质量控制

几乎每一位技术人员回头看很久以前自己写过的代码，都会惊讶地想："这么糟糕的代码，是我写的吗？"有一种想删掉所有代码或进行重构的冲动。

代码和我们日常交流的语言的作用是一样的，一段混乱不堪的糟糕代码很难让人明白想表达什么。技术人员在日常的工作中首先要保证代码质量，降低后期重构的风险。对于好的代码要满足复用性、扩展性和灵活性。

对于糟糕的代码要提前优化代码整洁度、程序扩展性和运行效率。当然代码的优化并不是一个阶段性工作，而是一个持续完善、不断改进的过程。技术人员可能有这样一个感悟，就是每天看昨天写的代码都会觉得代码还有可优化的地方，这其实就是一种进步，这种进步也会伴随着代码质量不断地提升。

为了保障代码质量，进行代码优化时一定不能影响现有的业务，要控制代码质量，首先在编写业务代码时就要考虑好实现方案，从源头把控好代码质量。其次是在代码评审阶段发现代码质量问题时进行优化。最后是开发新功能时，如果发现原有方法实现逻辑混乱就要进行优化。从这 3 处控制好代码质量能减少很多不必要的麻烦，从而避免在程序出现严重性能问题或重大事故时才进行优化。

技术人员如果有一个代码优化的习惯，不仅能提高代码质量，还会提升程序设计思想。

2. 技术分享

技术团队做好技术分享能快速提高整个团队的技术水平，新人刚加入团队时可以从分享的文档中获得知识，这是一种价值传递和文化沉淀。另外，技术分享机制有利于分享者的技术成长，促使他们系统地思考和学习知识。每一次分享的形式和内容不限，可以是个人经验分享、课程培训、工作成果、项目复盘等，可以录播或记录到 wiki 知识系统中，形成知识归档，帮助新人和技术薄弱的技术人员学习。对于有分享精神并且能力也能胜任的团队成员，可以鼓励他们参加外部技术分享大会。

3. 规范建设

说到代码"质量"，我们第一时间想到的可能是 bug 数、线上故障数、SLA 这样的数据，其实这些是对技术人员最基本的要求，代码质量还包括可读性、可维护性、可扩展性、安全性等维度。

好的代码像艺术品，让人赏心悦目，经验丰富的技术人员写出的代码往往很有“艺术感”，这种“艺术感”的形成往往需要数十年的积累，在漫长的编码过程中不断踩坑、总结和进步，所以每个团队都需要把工作实践中的经验总结整理成一套完善的代码规范清单，用来训练和提升团队的编码能力，打造出高质量代码。

其实，经过观察你会发现，编码中常犯的错误也就 10 多种。在规范清单中对这些错误进行详细列举和说明，可以在检查代码时快速发现这些错误，也能避免团队成员犯同样的错误。常见的检查项包括命名、注释、函数、集合、线程、异常、日志、测试、参数、框架、数据和安全等。

技术人员不断优化代码规范清单，通过代码规范清单审查代码，及时发现和解决程序设计中有缺陷的地方，这就是一种价值贡献。

4. 自研项目

当技术人员看到团队成员都在为某个功能或工具抱怨的时候，当技术人员发现系统运行效率极低的时候，那么技术人员的机会就来了，如果通过他的努力，可以帮助团队成员极大地缩短开发时间，极大地提升工作效率，彻底解决别人“抱怨”的问题，这就是价值的体现。

通过自研项目解决工作中的实际问题，可以把学习和实践结合起来，在解决问题中提升自己的技术能力，这也是塑造技术影响力的最佳时刻。

除了提升技术能力，通过自研项目，也可以引导更多的技术人员跟随，开展结对编程，提升技术水平，帮助团队营造好的学习氛围，增加更多学习交流的机会。

6.5.2 组织共建

聚焦团队整体价值产出，看重个人对团队的贡献，团队整体能力得到提升，这样才有可能高效地完成团队目标。团队整体能力与团队成员的数量、能力以及协作效率有很大的关系，在团队人数不变的情况下，提升个体能力，加强团队建设，减少协作损耗，团队整体能力自然就会提升。团队整体能力塑造可以通过人才管理、目标激励和文化建设这 3 个方面进行。

1. 人才管理

大多数公司的组织架构是金字塔形的。技术团队管理者需要和团队成员长时间接触，才能深入了解每一个团队成员的能力。当团队人数过多的时候，技术团队管理者的管理半径很难覆盖全部人员，给那些没有被了解的人安排的岗位与其能力是否匹配，就需要得到团队成员的反馈，但要发现这些问题往往需要很强的观察能力、思考能力和沟通能力：首先，需要熟悉公司业务；其次，要有较强的沟通能力，和团队成员保持良好的沟通；再次，平时要多留意团队成员的编码能力；最后，还要善于做人员与岗位的匹配分析。

另外，技术团队管理者如果能够在部门标准化的招聘流程中识别人才，找到能力与岗位匹配的人才，就能有效地提升招聘效率，但识别人才并不容易。首先，技术团队管理者要在很短的时间内对求职者的技术能力做出判断，这个要求比内部选拔人才要高些；其次，要设计合理的问题对求职者的综合能力进行考核，包括价值观、学习能力、勤奋度、逻辑分析能力和岗位胜任度等。招聘过程是一个甄别和学习的过程，每一次招聘都是一次历练。有关招聘的内容可查看第 2 章。

除帮助团队招聘外，还需要指导团队成员的成长。工作时间较长的技术人员，更熟悉业务和代码，能够更长远地考虑问题，可以帮助刚加入团队的新人熟悉团队、了解业务和掌握技术架构，从项目实战中帮助新人，定期对新人做规范培训和技术指导，帮助新人提高代码交付质量，这是团队文化的根基。

对于团队成员的指导重点是强化意识，熟悉团队协作的流程、制度和规范，要求对技术细节和注意事项熟练掌握。同时在实际的工作中还要对团队成员进行指导，并跟进问题的解决效率，事后带领他们做复盘总结。

2. 目标激励

每个技术人员都是工作在一线最前端的人，对于目标的制定技术人员非常有话语权，同时他们也非常需要有一个清晰的目标来指引完成工作。而目标的制定需要收集大量一线的反馈信息，便于目标制定者做出判断，很多技术团队目标设定错误往往是信息不通畅导致的。

所以对于技术人员，及时反馈一线信息，协助技术团队管理者设定计划和制定激励方案是非常有必要的，也能提升团队整体的做事动力。

3. 文化建设

团队中的每一位成员都要遵守团队价值观和行为准则，共同建设和维护团队文化，把它融入日常的点点滴滴，把细节落到实处，让文化能够落在行动上，及时反馈和调整自己的行为，有关文化建设的内容可查看第3章。

6.5.3 协作创新

技术人员依靠和他人协作才能高效地完成工作，所以协作能力对技术人员来讲非常重要，同时和他人协作也能产生更好的创意，在日常的工作和项目中，协作创新可以从业务接洽、进度管理和技术驱动这3个方面入手。

1. 业务接洽

技术人员和业务人员协作是非常高频的事情，尤其在业务需求接洽的过程中的协作更为频繁。业务需求对接初期，可以从目的、行为、场景等维度出发，获取到业务方真正想要的需求，感受到产品用得不爽和体验不畅的地方，并能从专业的技术角度提供解决方案。在产品的任何阶段，都能从业务角度思考技术，解决业务痛点，提升用户体验。

除了需要跨部门的需求沟通，技术团队内部也并不是所有的技术人员都能深入理解和分析需求，技术人员之间沟通需求时，需要讲清楚需求的背景、要求、难点和关键实现技术，让对方能够更清楚地理解需求，减少需求沟通成本，提升协作效率。

2. 进度管理

技术人员不仅需要按照项目计划开发，还需要对项目的风险进行预判，使项目的实施能按照预期的进度执行。同时当项目进度出现偏差时，还要帮助项目负责人分析造成进度偏差的原因，研究应对方案，并落地实施。有关项目进度管理的内容可查看第4章。

3. 技术驱动

在产品导向型公司里，技术是公司发展的动力，通过技术和数据推动业务创新和发展，很多快速成长实现弯道超车的互联网公司依靠的都是技术驱动。但技术驱动并不是一味地发展技术，因为技术驱动的核心是为了解决实际的业务问题，技术人员不能单纯追求新技术而忽略业务的发展，能解决实际问题的技术才是最合适的，也才能发挥技术的最大价值。技术和业务相辅相成，彼此成就和互相促进，解决业务问题的同时，也提升了技术水平。

技术人员要从业务角度去思考，找到技术的突破点，只有成就了业务，技术才能提升。

6.6 成长

我的团队有一个黄牌制度——在一个季度内没有任何成长且没有犯过任何错误的人将会得到一个黄牌警告。成长对技术人员来说至关重要，技术团队管理者要帮助每个技术人员制订成长计划，并在关键的时间节点检验成果。

要帮助团队成员制订一份成长计划，首先，知道对方当前的能力阻碍；其次，客观评估预期目标；再次，时间周期内设定关键动作；最后，考核指标要可衡量。所以，一份科学的成长计划应该包括能力阻碍、预期目标、关键动作和考核指标这4个方面，如图6-4所示。

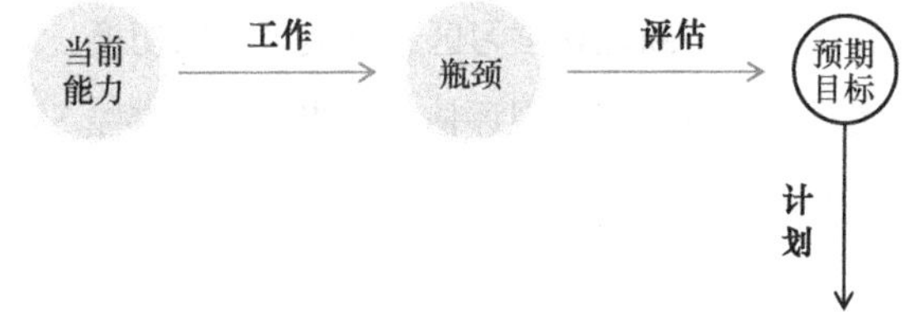

图6-4 成长计划

6.6.1 能力阻碍

找到能力发展阻碍前，需要先对自身能力进行评估，评估能力要做到客观公正，用数据说话。这其实挺难的，因为每个人的天性都会高估自己的能力。所以能力评估时要基于工作中遇到的具体问题，多去了解关于这些问题的信息，有了更多的信息，对自己认识就会更深，自身发展的方向就会清晰。

其次，找一个在行业内工作 7 年左右，自己熟悉的牛人，他工作的时间比较久，对行业的认识深，评估会比较客观，也相对更可信，同时也会给出合理的建议。

通过上面的两个方法能清楚地知道自身的能力阻碍，为了突破阻碍，下一步需要设定一个目标。

6.6.2 预期目标

每个技术人员都会有自己职业发展路线，一旦从舒适区进入学习区时，基本都会遇到瓶颈，那些牛人之所以厉害，是因为他们通过合理的方法和目标，可以顺利地从舒适区进入到学习区。

在学习区时主要是通过学习、试错、思考、执行、检查来获取未知领域的知识，进而不断提高自己的能力，而舒适区则通常做的是常规性工作，没有太大的挑战。

IT 行业发展速度非常快，团队成员如果一直停留在舒适区，就几乎不会有进步和成长。工作时间再久也只是循环往复地做同一件事情而已，所以需要经常从舒适区走出来，进入到学习区，提升自身能力。

为了能快速提升能力，需要有经验的技术人员帮助其他人制定合理的目标，通过目标驱动，使自己走出舒适区，进入到学习区，再把学习区学到的知识运用到工作中，把工作变成舒适区，不断地在学习区和舒适区之间切换。

预期目标，一定是以对方能力客观评估为前提，并在遵循 SMART 原则的基础上设定的。每个人需要提升的能力各不相同，没有统一的标准，需要制定者“因材施教”。

有了清晰的目标，为了达到这个目标，就需要设定一系列关键动作。

6.6.3 关键动作

设定关键动作能帮助对方持续地学习成长，关键动作的设定要考虑以下 3 个方面。

（1）重点工作。列出为实现目标需要做的最核心的一件事情，这件事情如果完不成，目标就无法达成。只有聚焦目标，做最核心的事情，技术人员才有可能坚持下去。

（2）行动计划。设定为实现核心目标所要执行的具体行动计划，计划要清晰可落地执行，有计划的工作便于提前安排和协调资源。

（3）**核心要素**。思考实现目标的关键环节是什么？投入精力配比是多少？风险点有哪些？如何减少风险？

每周召开复盘会议，帮助团队成员从实战中学习和思考，可视化团队中每个成员的成长，提高团队的积极性。有了明确的目标和达成目标的关键动作，接下来就需要检验目标成果的关键指标。

6.6.4 考核指标

设定明确的考核指标可以有效地衡量目标与成果，找到现实与目标的差距，调整动作，重新开始。关键指标是对预期目标的评判。需要说明的是，这里的考核指标并非组织的绩效考核指标，这些指标需要数据化。

设定考核指标要保证结果可衡量，这一点看起来容易，做起来却不易。很多技术人员设定的考核指标并不能数据化，不能被数据化的考核指标是不能作为考核依据的。

设定考核指标时可以咨询同事的看法，看看自己目前最应聚焦的目标和别人对此的理解是否有出入，在 3 个月以内实现初期目标，并保证关键考核指标只有一个。

设定的每一个关键指标都要考虑完成的概率，完成的概率要适宜，既要让目标有一定的挑战性，能激励团队成员向目标奋进，又不能让目标完成得过于容易，即使完成也没有成就感。

在团队中帮助每个人制订成长计划，帮大家打破自身职业能力瓶颈，设定预期目标和关键动作，并通过明确的指标来衡量，团队个体能力提升后，团队整体的绩效自然会提升。

团队管理其实就是在协调利益，协调好利益才能满足团队每个人的欲望与渴求。责任、价值和成长这 3 个因素，也是团队和个人表现出来的渴求，平衡好这种关系，才能做好绩效考核。

总体来说，技术团队的绩效考核需要打破旧有的绩效考核制度，打造灵活敏捷的组织形式，加强信息交流，提升沟通效率，建设学习型组织，营造好的学习氛围，重视个体的成长，不断改进完善考核方案。

6.7 小结

- 常规绩效考核是通过利益驱动激发员工潜能，并依据考核结果选拔优秀人才，促进了企业的健康发展，进而达成企业的目标。
- 对技术人员来讲无法完全量化考核指标的主要原因是产出难以量化和业务难以融入。
- 技术团队管理者可以通过责任、价值和成长这 3 个因素，平衡好团队的渴求，实现绩效考核的目的。

第 7 章 流程建设

每个团队都有自己的开发流程，你们团队的开发流程合理且高效吗？如果让你来制定开发流程，你会从哪些方面入手呢？

你们团队的测试流程有缺陷吗？什么样的测试流程高效且能覆盖所有功能？测试工作是产品上线前的最后一道防线，如何才能确保最后一道防线万无一失？

每个团队都或多或少地发生过线上事故，只不过事故大小不同而已，系统的任何一个细微变化都可能形成系统故障，技术团队管理者如何才能尽可能避免线上事故的发生呢？

如果你带过一个时间紧、任务重、需求乱、业务难、人手紧的项目，你一定思考过下面这 3 个问题。

（1）如何确保团队在高压的情况下，使项目按时保质交付上线？

（2）如何提高快节奏下的协作效率？

（3）如何确保团队快节奏的工作井然有序？

所谓“越忙越乱，越乱越忙”，越紧急的项目，执行中效率往往越低。实施流程管理可以有效地提高工作效率。通过标准的项目实施流程，可以规范作业程序，减少因慌乱造成的失误，让团队职责清晰，做事有据可依，提高协作效率，避免推诿扯皮的情况出现。

7.1 认知流程建设

大家都知道，闭着眼睛走路很难走出一条直线，所以很多道路上会设计一条盲人道，让盲人在看不清前方道路的情况下，也能按照自己的方向走，不至于迷失方向。技术人员或技术团队管理者每天都会有很多协调性事务需要和多人沟通和配合，如果没有一套完善的流程理顺工作环节，那么技术团队管理者很容易陷于日常协调性的事务中，让自己整天处于疲于奔命的状态。

7.1.1　流程建设的作用

技术团队通过流程建设可以有效地达到控制结果、赋能团队、风险控制和塑造文化的效果，如图 7-1 所示。

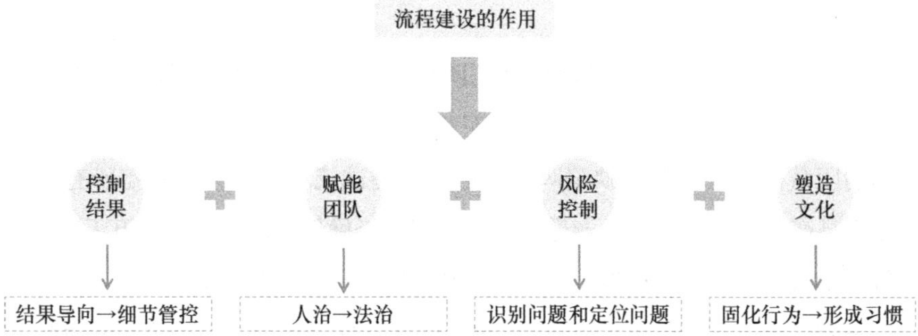

图 7-1　流程建设的作用

1. 控制结果

有很多技术团队管理者只看重团队的做事结果，不关注团队执行过程中的细节。如果一味地关注结果而不看过程，往往结果都不会理想。所谓“结果导向”，准确地说是以结果为目标的思维方式，控制执行过程，确保结果交付一致。

如果对于一件事我们想要的结果是 A，做这件事情要经历 B、C、D 三个环节，你应该怎么做才能确保执行结果是 A 呢？很明显，B、C、D 这三个环节执行过程是你可以控制的，只要 B、C、D 三个环节执行不出现偏差，结果就大概率不会出现意外。

我们知道想要一个好的结果，过程就必须被有效地控制。当一件事情的执行过程过于复杂，需要经过非常多的执行环节时，就需要控制执行过程才能确保结果满意，而过程控制的最有效的方法是对执行流程进行控制，确保每个执行环节可控。所以控制结果的最有效的方式是流程控制。

2. 赋能团队

技术团队组建初期，技术团队管理者会是团队的灵魂人物，技术团队管理者和团队成员一起冲在一线，身体力行，依靠个人的影响力带领整个团队前行，这个阶段团队往往士气很高，但技术团队管理者的管理半径很有限，随着团队的不断扩大，技术团队管理者就会越来越感到力不从心，团队整体的效能也会明显下降。为了适应团队的快速发展，团队需要快速从“人治”变成“法治”。让团队的管理围绕“事”，而非“人”，围绕“事”做事，执行环节也更轻松灵活，减少了很多推诿扯皮的现象发生。

建立标准化的流程可以帮助技术团队管理者把管理方法和策略融入团队的各个环节中。技术团队管理者通过“流程”这只“无形的手”，可以对技术团队进行有效的控制，流程可以帮助技术团队管理者把管理能力赋能到团队成员执行的每一个环节中，好的流程能跨越管理边界，不会形成管理的“边际效应”。

同时健全的流程还可以帮助团队快速扩张，把团队中强大的能力快速复制出一份，应用到新的项目或新的领域，很多一线的互联网企业都有强大的流程体系，能帮助企业在激烈竞争的市场中，快速组建一支新的团队，在新的领域快速崛起，这里面依靠的就是企业独有的流程体系，这些都是企业最核心的竞争力，它就像冰山未露水面的那部分，虽在后台看不见却至关重要。

3. 风险控制

作为技术团队管理者，如果你负责了一个用户访问量很大的项目，你在运维环节的流程控制一定会非常非常小心，会定期进行系统及硬件检测、数据库检测和应用服务巡检，还会对生产环境的系统进行监控，包括日志监控、主机监控和数据监控等，以确保系统稳定运行，尽可能减少可控风险造成的损失。因为对于一个复杂的系统，影响系统稳定性的因素非常多，只有制定完善的流程体系才能减少错误的产生，从而确保风险可控。有严格的流程控制还可以对执行过程中的错误进行追溯，以便快速定位和解决问题。

技术团队在产品开发中为了提高效率，减少错误的发生率，也会搭建完整的流程体系，包括开发流程、测试流程、用例评审流程，让整个团队的协作效率更高。有了完善的流程体系可以让很多风险在出现之前就被快速识别出来，让团队成员把更多的时间用在业务开发上，而不是反复地处理系统暴露出来的应急问题。减少执行过程中的错误就是尽可能地确保结果满意。

4. 塑造文化

马云说，“上等公司靠文化，中等公司靠制度，下等公司靠亲友义气”，而企业文化形成的一个很重要的因素就是流程体系，什么样的流程体系就会塑造什么样的文化。我们看到不同的团队的做事流程基本不一样，有的团队流程比较刻板，团队文化就会显得保守和传统，有的团队流程灵活简洁，团队文化就会显得敏捷高效。这其实很容易理解，流程的执行过程会慢慢形成团队的做事习惯，做事习惯又会固化成团队工作的行为，团队的文化再通过外在的行为表现出来，所以重视流程的建设，团队就会不断改善，团队文化就会一点点积累和形成，进而快速影响团队做事的效率和质量。

团队文化形成的过程中，其实非常需要建设一条价值渠道，以帮助技术团队管理者把管理理念快速传递给每一个团队成员，这时流程体系就充当了价值渠道的角色，成为技术团队管理者对团队执行过程有效控制的抓手。技术团队中的很多问题依靠流程可以有效地解决，例如工作中一些让人无法拒绝的人和事，都可以用流程作为行事准则做出决定——说不，这就是流程的价值和魅力。

7.1.2　流程建设中存在的问题

流程建设越来越重要，甚至成为企业赖以生存的手段，每个企业都在进行流程建设，但结果往往并不理想，主要问题体现在流程建设时有形式主义、操作复杂、动机不纯、视野狭隘这 4 个方面，如图 7-2 所示。

1. 形式主义

流程建设的核心是梳理出团队核心的做事机制，并把做事机制更加系统化地在团队中推广，并非为了有流程而建设流程。很多技术团队管理者喜欢把前沿互联网公司的一些流程生搬硬套地应用到自己的团队中，结果往往并不理想。每个团队的流程的建设是在团队做事机制的基础上经过充分评估后优化改进形成的，每个团队的习惯和能力各异，不实事求是地评估，一味地邯郸学步，注定会失败。

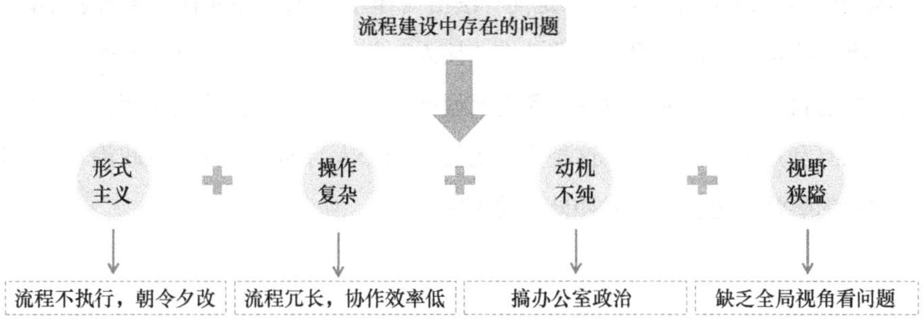

图 7-2　流程建设中存在的问题

流程建设中的问题除了一味地效仿他人，还存在朝令夕改，执行不果断的情况。很多技术团队管理者由于在流程建设过程中思考不全面或是流程执行一小段时间后效果不明显，因而反复修改之前制定的流程，甚至推翻之前团队一起制定的决定，这会让团队成员对技术团队管理者的能力失去信任，同时对流程建设本身也会失去信心，后期有再好的流程推进，团队也不会坚决执行，最终会让流程成为真正的形式主义。

2. 操作复杂

如果在流程建设过程中考虑了所有可能发生的问题，把所有的细节都纳入流程管理中，就会让流程变得复杂冗长，造成对于一件简单的事情，团队按照这个流程执行效率非常低。流程应该只关注影响事情成败的核心关键点，分析出这些关键点，通过流程控制住这些核心关键点就可以实现目的。

流程建设的核心是控制风险，简洁的流程会对团队执行起到引导的作用，而过长的流程链条让执行过程时间变长，事情就会变得更加复杂且低效，团队新人上手难度变大，时间一长流程就变成做事的阻碍，团队成员宁愿不做这件事情，也不愿按照既定的流程推进事务，时间一长团队成员就会感觉多一事不如少一事。流程不但没起到积极的作用，反而越推进越起反作用。

3. 动机不纯

很多技术团队管理者建立流程的出发点就错误了，他们认为的流程建设并非以结果为导向，通过目标分解出执行步骤，再对执行步骤制定合理的风险控制流程，而是通过流程达到个人的一些目的。

流程的本质是摆脱“人治”，走向“法治”。但是，有些技术团队管理者不能站在“做事”的角度制定流程，而是站在“搞人”角度设计流程，通过流程实现自己获得利益的目的，权力欲望驱使，利用流程网罗他人形成自己的利益团体，排挤其他和自己有利益冲突的团体。这种利用流程达到个人目的的“办公室政治”手段是非常危险的事情，也会让技术团队深受其害。

4. 视野狭隘

技术团队中暴露出来的问题一般都出现在局部，很多技术团队管理者对于局部问题，往往会先进行局部优化，而不先进行全局考虑。浅层的思考，思考的是行为本身，而深入的思考，则思考的是系统和模式。作为技术团队管理者要深入思考团队能力和做事方式，除了对失败的这件事情的影响，还要思考对其他事情是否也造成了潜在的风险。

作为技术团队的管理者，制定流程时要从整体目标出发，全局思考，要通过局部问题深入思考，找到全局的优化点，避免头痛医头脚痛医脚。不然即使解决了局部问题，也会影响全局的利益，甚至还会导致整个系统瘫痪，因为一个系统所有的影响因素之间都有关联，环环相扣，才能持久运行。内在因素和关系一般都较为复杂，立足系统和全局思考才能最终解决问题。

7.1.3 流程建设的步骤

团队要想建立一套完善的流程，需经历 3 个步骤，分别是流程制定、流程优化和流程管理，如图 7-3 所示。

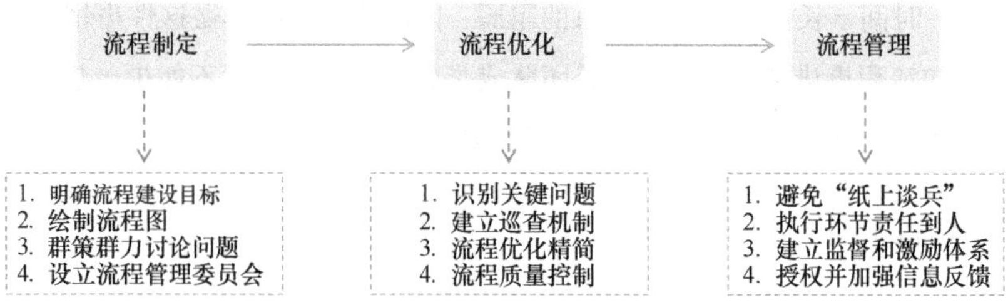

图 7-3　流程建设的步骤

1. 流程制定

对于流程的建设，首先要明确流程建设要达到的目的，要解决什么问题，有了具体的目标和问题就有了方向。对于问题的梳理，要找到问题的关键点，关键点的分析主要是查找执行的关键因素、关键原因和关键环节，通过这些关键环节的数据和反馈，有针对性地分析问题的影响程度，思考如何优化才能让结果变得更好。

有了明确的问题并找到了问题的关键所在，下面就可以对关键点进行优化，并绘制流程图，流程图可以让所有执行环节更清晰地展现出来。对于流程建设有了清晰的思路并绘制出流程图后，可以召集团队成员集体讨论流程的合理性，通过集思广益的方式完善流程。需要注意的是，流程的执行环节要足够简洁，通过简单有效的流程，让执行落到实处，同时流程还要有人性化，符合操作习惯，这样设计出来的流程，才能更容易推广，更容易落地践行。

在流程建设时为了体现流程的公允性和合理性，防止某些管理人员通过流程行使不当权力，可以成立流程管理委员会。流程管理委员会的成员通常由各个技术组的核心人员组成，各个成员代表了各个小组的利益，通过流程管理委员会集体来制定和完善流程的不当之处。在流程试运行的过程中，流程管理委员会还需要对流程的执行过程进行监督，确保流程能被有效地执行。

2. 流程优化

随着团队的发展和业务的不断变化，原有流程中的一些问题会很快暴露出来，例如，流程中的环节缺失，流程有潜在风险，流程冗余烦琐等。对于这些暴露出来的问题需要及时进行分析和优化，让流程尽快适应新的业务发展，减少不合理的流程给团队带来的问题。

流程中出现的潜在隐患是非常危险的。在日常的工作中，技术团队管理者要执行制度巡查机制，认真处理巡查时发现的问题，对于发现的隐患要及时协调解决并及时记录。

当流程无法适用于现有业务而需要精简体系时，首先需要找出流程执行环节中的冗余的地方，冗余环节的查找主要通过思考输入和输出两个部分中哪些是核心因素，这些核心因素对结果的影响程度，其他不相关的环节是否可以去掉，去掉不相关的因素后整个流程是否还能畅通。

另外，对于流程的优化，还要考虑对质量的控制，简化流程不能降低质量，质量是对结果的一个很重要的考量指标，所以流程优化中，质量要作为一个重要的考虑因素。

3. 流程管理

流程建设的关键还在于执行上，再好的流程如果不坚决执行就毫无价值，不过是“纸上谈兵”罢了。在流程的执行上要责任到人，每个流程的环节都要有相应的责任人，确保流程执行出现偏差时可以追溯，像早期海尔的日清体系一样，每一道工序都会关联到具体人员，这样制定出来的流程才能落到实处，才能执行下去。

光有责任人还不够，还需要在流程的执行中有完善的监督机制，从而能及时发现团队执行中的问题。有了监督整个流程才会有效率，当然监督的同时还要有激励，通过考核机制更好地和流程执行相关联，让流程的执行能融入工作中。

流程执行中有了监督机制和激励体系，就可以对团队成员进行充分的授权，使技术团队管理者从工作的日常性事务中解放出来，让流程去管控常规性事务。同时流程的执行中还要加强信息的交流，及时反馈问题，不让流程成为团队协作的屏障。

对流程建设有充分的认识后，下面我们来看看研发部门工作中一些核心流程的建设，包括产品开发流程、产品测试流程、用例评审流程和运维巡检流程。对于这些流程，我都在我的技术团队中运用过，希望对你也有帮助。

7.2 产品开发流程

产品开发过程是产品从无到有的过程，它包括需求收集、需求评估、文档编写、需求评审、技术评审、程序开发、进度控制、代码审查、版本发布这 9 个过程，如图 7-4 所示。

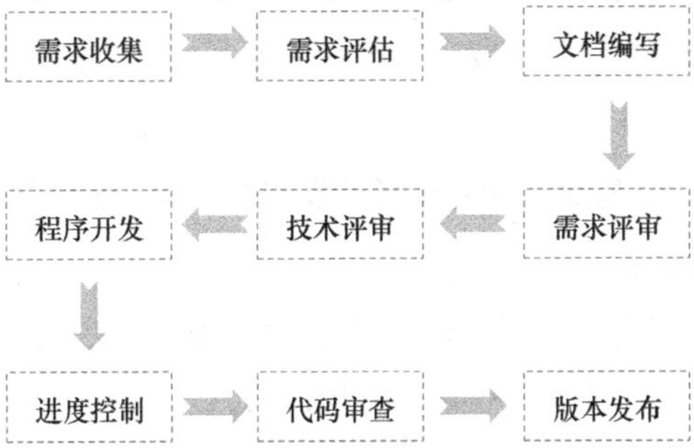

图 7-4 产品开发流程

7.2.1 需求收集

需求的收集对于形成正式的产品功能是非常重要且基础的一个环节，互联网公司的产品需求收集可以通过以下 10 个渠道获得。

（1）**用户反馈**。通过社交软件或网络平台和用户进行在线互动，也可以和用户线下面对面交流以获取真实需求。通过用户反馈获取产品需求是最直接的方法，也是使用较多的方法。

（2）**内部需求**。由公司内部人员，如市场人员、销售人员、运营人员、客服人员等直接提出需求，这些需求通常来源于市场和用户。

（3）**数据分析**。通过对产品数据的监控和分析（包括用户画像、访问轨迹、留存转化和发展趋势）延伸出的需求。

（4）**产品缺陷**。产品上线后用户体验较差或出现功能缺陷，从而延伸出新的需求，这类需求一般优先级较高。

（5）**竞品调研**。分析研究同行业头部的直接或间接竞品，研究对方的优势和不足之处，调研过程要有全局的视角，不能主观臆断。

（6）**问卷调查**。针对产品不足之处或对于新功能的想法给用户发送问卷进行调查，获取数据后对数据进行分类统计，并分析统计后的数据。

（7）**现场观摩**。到用户现场体验产品，了解用户使用产品的真实情况，身临其境获取到的需求往往比较真实和客观，所以产品人员到一线和用户一起体验产品就显得非常有必要。

（8）**社交媒体**。互联网平台发展非常迅猛，尤其是社交媒体平台用户活跃度更高，用户的产品使用心得经常会发布在这些平台上，通过这些平台可以了解到用户使用产品的情况。

（9）**行业分析**。分析整个行业和市场的发展和动向，推测市场和行业潜在机会，为产品规划提供参考依据。

（10）**硬性需求**。根据公司的核心定位必须开发的需求或公司高层对市场独特的思考衍生出的需求，这类需求一般是硬性需求。

可见，需求获取方式非常多，因此评估和分析产品需求的能力显得特别重要，这样才能知道做什么、不做什么、先做什么、后做什么。需求分析决定了产品开发的优先级，是产品决策的重要依据。

另外，对于需求的理解，我们要有独立思考的能力，收集的需求应及时记录到产品需求池，以便后期整合和分析。

7.2.2　需求评估

获取产品需求后，需要研究需求背后的意图，业务人员提出一些业务想法时，很可能也会提出自己的功能设想，通常情况下，这些功能设想都不是最好的，甚至是无法实现的。所以，在和业务人员沟通时要及时记录需求，回来后认真分析，找到真正的需求点，思考最小版本的可行性迭代。

此外，在产品需求评估中，关于调研的竞品要找行业内那些头部产品，分析它们的市场切入点、功能差异化、用户体验、运营策略等，调研竞品时要以目标用户的视角体验产品，尽可能在掌握足够多的数据后做出评价。

需求分析后，要输出初版方案。关于初步方案，首先，要把初步方案的需求带入实际的业务场景中，看能否满足业务需求，思考需求和业务的匹配度；其次，要思考因业务场景考虑不周而导致上线后可能产生的功能缺陷，保障产品的稳定运行；再次，要与技术人员充分沟通功能实现难点，确保产品细节的实现和难点的攻破；最后，要与市场人员和运营人员交流后，确定最小需求的迭代版本，如图 7-5 所示。

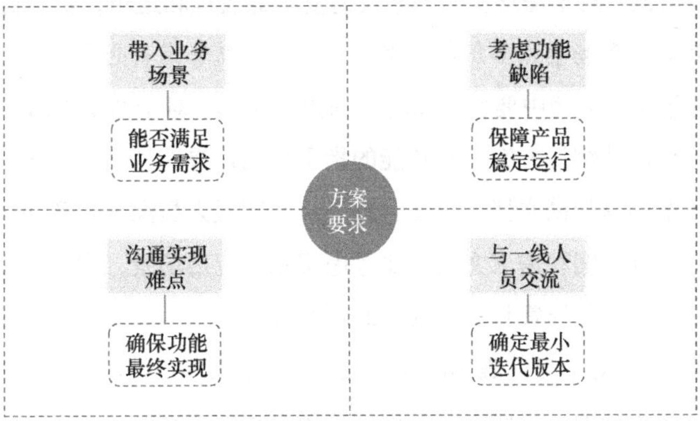

图 7-5 初步需求方案的 4 个关键点

对于需求分析这个环节，最重要的是要知道产品的实现目标，有了目标锚定，需求才不会跑题。

7.2.3 文档编写

需求文档是产品需求的说明书，同时也是产品人员和技术人员高效沟通的前提，它能帮助技术人员快速了解产品需求，减少不必要的沟通。

为了提高需求沟通效率，在正式需求确认前可先用草图或线框图快速绘制出产品核心模块功能，展示核心功能和业务流程，待双方需求确定后，再绘制详细的流程图。详细的需求文档要体现交互细节，包括点击事件、跳转逻辑、注释描述等。

需求文档要做到简单易读，编写中要考虑以下 8 点信息。

（1）**信息处理**。对收集的内部信息和外部信息进行归类、分析、转化，提炼出核心点，供编写文档时参考。

（2）**实现可行性**。需求文档的编写要围绕产品目标，确定上线要解决的业务问题和技术难点实现障碍，保障需求实现的可行性。

（3）**内测版本**。上线的版本需考虑是否要内测，内测版本要考虑目标用户的邀请方式，让目标用户能第一时间体验到。

（4）**风险点确认**。要提前和技术人员确认需求文档中功能的风险点，包括并发压力、数据迁移和接口安全等风险。

（5）**流程用例**。对于需求文档中涉及的复杂的流程和逻辑，要绘制出流程图和用例图，例如对于多场景和多角色的操作，流程图就非常有必要。

（6）**功能指引**。文档中要包括新功能的指引说明，对于新功能的指引，需要和运营团队一起讨论并制订方案。新功能的指引是用户操作指南，对于复杂的功能，除了指引，还要编写帮助文档，以便运营人员和客服人员深入了解功能。

（7）**场景感受**。编写需求文档时要考虑实际的应用场景，理清产品使用流程，分析实际操作步骤中的异常和错误发生的环节等。

（8）**数据分析**。对于当前版本的需求设计，可以借助以往版本的埋点数据分析，对于当前版本的数据埋点，要确定数据的收集点和评估指标。

编写需求文档的目的是清晰说明产品的目标和功能，让产品的相关人员看到需求文档时，清楚地知道要做什么，所以一份好的需求文档是通过不断分析、修改、检查、完善得到的，需求文档的编写要细致耐心，确保文档没有歧义，让团队对需求文档的认识清晰一致，需求文档的细致度决定了需求评审的质量和产品推进的速度。

7.2.4　需求评审

需求评审的目的是讲解产品需求，对产品的目标达成统一的认识，沟通产品实现细节并验证细节实现的可行性。所有的产品需求都必须经过评审后才能进行开发，需求评审的 3 个环节的主要内容如图 7-6 所示。

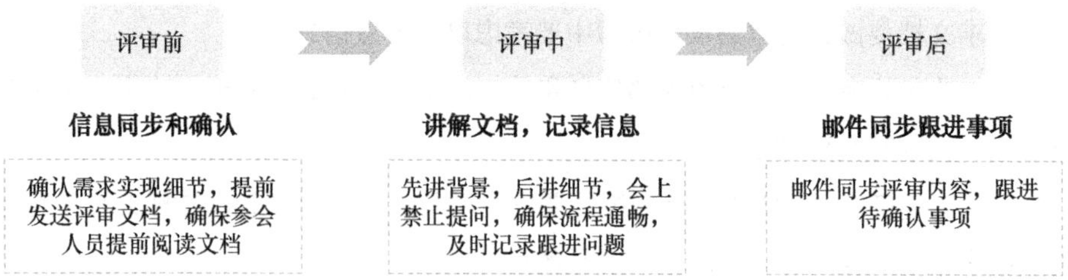

图 7-6　需求评审流程

1. 评审前

首先需要准备好产品相关的讲解资料，对于资料中有争议或无法确定的地方要和技术人员提前确认技术难点实现细节，确保需求评审会议的效率，只有所有的产品细节在会前都予以确认后才能进入正式的需求评审环节。需求评审会议要提前确认参会人员，参会人员要尽可能全面，避免二次讲解需求。互联网公司中产品相关的人员包括技术人员、协助人员和业务人员。

参会人员确认后，要提前将评审文档发送给参会人员，并用电子邮件告知具体的会议时间、地点以及会议的时长，要求每个人认真仔细阅读文档，确保大家是带着问题和思考参加评审会议的。

2. 评审中

任何需求的产生都有一定的原因，产品人员在评审中要从需求产生的原因开始讲解，了解了原因和要达到的产品目的，产品相关人员才能做得更好。同时，需求讲解中有关产品核心功能的实现逻辑和细节要讲解细致，尤其是要针对参会人员的关注点讲解用例，让参会人员理解透彻。

需求评审是否通过由在场的参会人员集体表决，对于产品流程和逻辑有重大遗漏和疏忽的，需求评审不能通过，所以在正式需求评审前最好先进行小范围的需求评审。

为了提高评审效率，在评审讲解过程中禁止参会人员发言和提问，确保讲解过程完整流畅，讲解完整个需求后再进行统一的提问。对于参会人员提问的内容不能现场解答的，先记录下来，禁止进入漫长的讨论。需求评审更多的是对需求结果的审核，涉及需求讨论的内容应在会前沟通清楚。

3. 评审后

需求评审会议结束后，需用电子邮件同步评审中跟进的事项，跟进事项的内容包括需求编号、需求名称、时间、地点、参会人、评审内容、确认事项、待跟进事项、异议等。

7.2.5 技术评审

有经验的技术团队管理者都会非常重视技术评审，因为技术评审可以有效地控制质量，很多技术缺陷是可以通过技术评审规避的，越早规避缺陷，损失越低。

技术评审的参会人员包括前端技术人员、服务端技术人员、测试人员、运维人员以及业务方相关人员。技术评审除质量控制外，还可以评估技术可行性和技术难点对产品的影响，验证技术方案的逻辑和缺陷，评判是否满足需求文档要求，同时梳理整体技术架构，确保产品的安全性、稳定性和可维护性，以便对评估产品的开发成本、时间和质量做出方法的选择。

最终形成技术方案前，技术人员之间需要不断交流和碰撞，这也是敏捷开发中所倡导的。集思广益和思路碰撞有助于对技术方案的查漏补缺，从而形成一个更好的方案。

技术评审前，技术人员将方案提前发送给参会人员，确保技术方案参会人员了解方案后，才能正式进入技术评审。参会人员对方案的初步了解是技术评审会议高效率的保障，如果参会人员没有了解方案就匆忙参加会议，会上会提很多问题，但价值往往都不会高。

技术评审中由技术人员讲解程序的设计方案，参会人员针对业务需求分析方案的可行性和实施成本，对方案中的疑问及时进行记录和提问。和需求评审不同的是，技术人员就问题给出的答案不是最优解时，全员可讨论方案，但时间不宜过长，对于短时间内无结果的问题，可在会后再作讨论。

技术评审后技术人员及时修改方案错误，方案通过后则进入程序开发阶段，技术人员要给出具体的开发排期，排期要具体到开发每个功能点的耗时。

7.2.6　程序开发

很多人觉得技术人员的工作就是“搬砖”，对照需求写代码，每个技术人员在速度和效率上不会有太大的差别。

这表面上看是对的，但其实，写代码并不是单纯的“搬砖”，写代码这件事需要更多的协作和配合，比“搬砖”的出错概率和难度更大。不同技术人员的编码习惯和代码质量存在天壤之别，需要有一套完善的开发流程帮助团队高效地协作，快速提高团队代码编写效率，减少出错风险。

一套完善的开发流程包含人员安排、程序设计、程序开发、修复 bug、上线准备、部署上线这 6 个步骤。

（1）**人员安排**：评估产品所需技术要求，提前与参与人员沟通，确定参与人员负责的产品已完结，输出人员计划表。

（2）**程序设计**：根据产品需求文档进行程序设计，程序设计部分包括数据库设计、接口设计和架构设计，设计完毕后输出对应文档。

（3）**程序开发**：程序开发分为前端接口开发、后端接口开发、前后端接口联调和程序自测这几个环节，开发过程统一用代码仓库进行管理。

（4）**修复 bug**：程序开发完毕后进入测试环节，技术人员及时修复测试人员提交的 bug，关注测试进度，协助测试人员完成测试。

（5）**上线准备**：上线前需要准备好相应的环境和编写产品上线单，确保运维人员可按上线单的执行顺序操作。

（6）**部署上线**：程序通过测试环境、预发布环境和灰度环境这 3 个环境测试后，可进入生产环境部署，技术人员需要协助运维人员完成相应的部署工作。

7.2.7 进度控制

互联网公司开发产品的时间都非常紧，为了产品上线，加班加点、彻夜编码是常事。越是紧急的产品，越容易出现问题，所以对于产品开发的排期，还是要合理评估，因为排期越紧，工作强度越大，每天工作效率就越低。

对于排期，可以考虑每天预留一点弹性时间，开发中经常会有技术难题、协调沟通等未知风险出现，利用这个弹性时间，能有效地缓冲，更好地思考代码实现除外的额外事项。

排期可以通过禅道系统进行管理，禅道系统把每个产品功能拆解成多个任务，可以有效地对需求、任务、bug、用例和项目进行管理，可以直观看到每个产品任务的预计工期、消耗工期、进度和截止时间，使产品进度控制更加细致。

产品排期由技术团队管理者或产品负责人创建，产品的任务拆分要足够小且独立，每个任务关联具体责任人，尽量保证每个开发责任人只在相关联的任务中，以减少任务切换的精力消耗。技术团队管理者可关注具体任务的预计时间和消耗时间，及时发现开发中的问题，后期根据禅道中的产品开发数据，分析团队中需要提升的技能，对团队进行统一培训，快速帮助团队提升技术能力，保障相同的技术难点在下次产品开发中不会阻塞进度。

7.2.8 代码审查

为了提升代码质量，减少线上事故的发生和后期代码维护的成本，上线前需要对代码进行审查。代码审查可以促进技术人员之间学习交流，提升技术人员的技术能力，让开发人员重新思考代码结构，更深入地理解需求和系统。代码审查流程如图 7-7 所示。

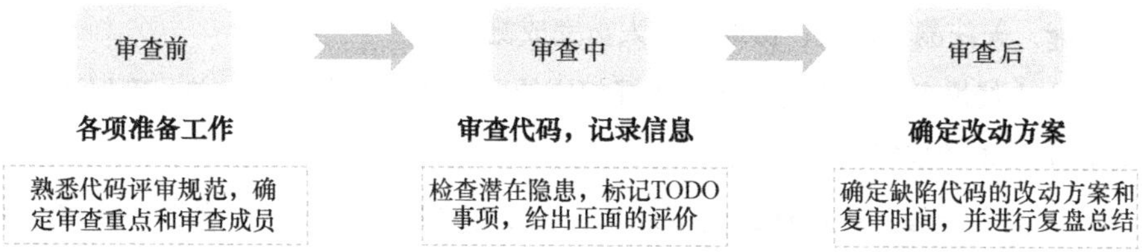

图 7-7　代码审查流程

1. 审查前

代码审查前要做好相关的准备工作，确保代码审查能够高效进行，准备工作包括确定规范、确定审查重点代码、确定审查小组成员，以及确定审查的流程和分配方式，具体内容如下：

（1）熟悉代码评审规范。代码规范是代码审查的检验标准，按照团队制定的代码规范进行审查能统一团队的编码风格，提升阅读代码的效率。

（2）确定本次审查的重点代码。按照业务重点和代码实现难点进行分析，找出代码实现比较容易犯错的地方，这些代码就是审查的重点。

（3）确定代码审查的评审小组成员。代码审查人员要提前确定，以便给审查人员熟悉代码的时间，确定代码审查人员时要考虑他们的业务理解能力和技术能力。

（4）确定代码审查的流程和分配方式，如按业务模块、方法等方式划分。分配给每个审查人员的代码最好具有独立性，以确保能完整地对业务进行审查。

2. 审查中

审查中主要是对重点的业务代码进行审查并标记 TODO 事项，同时要避免对代码作者进行批评指责，对于代码设计优秀的地方审查人员要给予肯定。

（1）被审查者先整体讲解代码的实现思路，对需要重点审查的代码进行说明。让审查人员能整体熟悉被审查的代码。

（2）重点对业务功能和潜在隐患进行审查，关注代码可用性。对于重点的业务代码，不仅要关注功能的完整性，还要关注代码的质量。

（3）对于比较明显的缺陷代码，要在代码处标记 TODO 事项，也可通过 wiki 知识系统来记录，并注明缺陷代码的具体位置和问题。

（4）习惯性的代码审查是找缺陷，经常会忽视代码的亮点部分。对于有亮点的代码，审查人员需要给予肯定，记录下来并推广到团队中。

（5）技术方案要以实现业务功能为前提，要避免陷入长时间的技术方案讨论。对于设计有缺陷的代码，备注改进方案即可，不可鄙视或人身攻击。

3. 审查后

代码审查后主要是评估并落实代码的改进方案，确保有缺陷的代码得以尽快修复。代码审查后还需要进行复盘和总结，帮助提升团队代码质量。

（1）确定缺陷代码的改动方案。审查后对于有缺陷的代码可能会涉及代码重构，对于逻辑混乱、质量较差的代码，重构时需要评估改动成本，以免影响版本发布的时间。

（2）确定缺陷代码的复审者和复审时间。对于必须要改动的代码，要确定好代码再次复审的时间和复审人员，同时要审查被改动的代码关联的其他业务功能模块。

（3）对代码审查进行复盘总结。总结代码中出现的常见问题，完善代码规范清单，优化代码审查流程，输出相关文档。

4. 注意事项

高效的代码审查离不开团队的协作，对于代码审查需要注意以下几点。

（1）代码审查最好能贯穿在整个开发过程中，审查代码的时间点越接近上线时间，留给修改代码的时间越少，改动成本就越高。

（2）人人皆可审查代码，团队成员平时要多做代码交叉审查，避免问题累积到必须改动整体架构时才去解决问题。

（3）在需求开发前，对于技术方案的设计，要尽可能地多听取他人的意见和建议，汇总别人的想法和建议并进行统一处理，避免在方案设计时就出现错误，避免徒劳无功。

（4）代码审查尽量要以业务和功能的实现为目标，不要以审查者自身的喜好和习惯评价别人的代码，更不能带有鄙视的心态，把代码评审弄成批判会。

（5）由于代码审查工作是质量的保证，高级开发人员和技术团队主管必须参与到代码审查中，严格把控代码审查的质量。

（6）让他人审查自己的代码前，可先通过质量监控平台的检测确保代码没有低级错误，以便提高他人代码审查的效率。

7.2.9 版本发布

版本发布前技术人员需要编写上线单，上线单需要通过运维人员和技术团队主管审核后才能执行，上线单要求执行步骤完整且可按执行步骤进行版本发布的操作，运维人员和技术团队主管依据上线单评估上线风险以及发版时长等。

上线前还需对业务人员进行培训，让他们提前了解产品功能，培训的内容包括功能演示、使用规则、注意事项、对外话术等，为了确保业务人员都能掌握信息，可以制作产品使用手册，通过手册让他们更详细地了解产品功能。

此外，产品上线后还需要跟踪和分析产品的使用效果，为产品的下个版本迭代需求获取更多信息，产品的使用反馈可以通过以下两种方式获取。

（1）**计算指标**：通过程序埋点，拿到用户使用各个模块产品的详细数据，通过用户数据计算出相关指标。

（2）**用户访谈**：对活跃用户进行访谈，了解他们的使用感受、使用过程中遇到的问题以及对产品的建议等。

同时，产品发布后，技术团队管理者还要组织团队对整个产品开发进行复盘，检查执行流程中出现的问题，并进行有针对性的不断优化改进。

7.3 产品测试流程

产品质量是产品的基础，完善的测试流程是产品质量的保障，对产品来说测试工作是产品上线前的最后一道防线。测试环节的核心工作就是及时发现程序 bug，协助技术人员提供解决方案，跟进并验证 bug，达到保障产品质量、降低风险的目的。测试人员越早发现程序隐患，程序的修复成本就越低。

测试环节中，除了功能测试，还要以用户的身份体验产品，好的用户体验要考虑响应时间、稳定性、有用性、易操作性等因素，用户体验是产品竞争力的体现。

同时，测试是否顺畅与对产品需求理解得是否透彻有很大的关系，测试工程师在面对模糊不清的文档时，需要先弄清文档中每个需求发生的场景和执行细节。

我们一起来看看测试的流程，如图 7-8 所示。

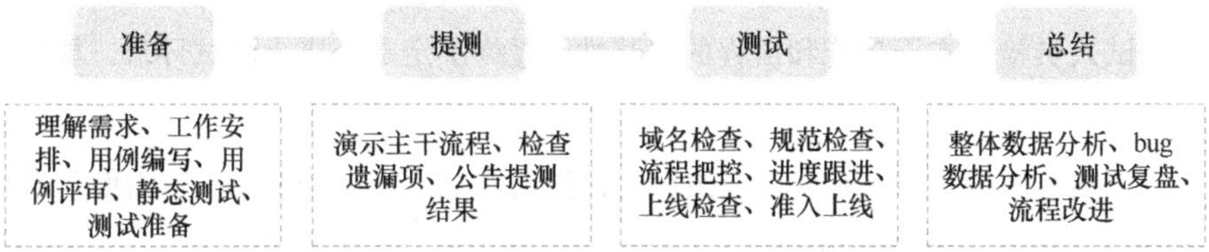

图 7-8 测试流程

7.3.1 准备

准备阶段主要要做好正式测试前的一些工作，包括理解需求、工作安排、用例编写、用例评审、静态测试和测试准备这 6 项工作。

（1）**理解需求**。测试人员充分理解产品文档的需求，及时参与产品需求评审，明确测试的具体要求。对于需求文档，测试人员要考虑文档歧义、操作逻辑、交互说明、用户体验、异常提示、兼容版本和安全规范等情况。

（2）**工作安排**。有了明确的需求和测试要求后，测试负责人需画出关键业务测试流程图，并安排相关人员编写测试用例，为了使测试用例编写得有序合理，测试负责人需要明确用例编写要求和注意事项，安排相应测试责任人输出用例编写的排期。

（3）**用例编写**。按照需求文档的框架和描述编写测试用例，测试用例的内容包括测试模块、测试方法、测试预期、测试版本、测试环境、输入值、期望结果、操作步骤和评审人等模块。

（4）**用例评审**。编写完测试用例后，及时召集产品人员进行用例评审，测试用例评审除技术人员外，产品人员和产品负责人也需到场参加。

（5）**静态测试**。测试负责人组织测试人员对产品进行静态测试，静态测试包括产品设计说明书检查、开发设计文档（接口说明书、数据库说明书）检查和程序源代码检查，并将检查结果汇总后反馈给产品人员和相应的开发负责人。

（6）**测试准备**。提前做好测试准备工作，包括网络要求、测试数据、环境配置、硬件型号、测试软件和测试脚本等。

7.3.2 提测

技术人员开发完产品功能并达到测试要求时，需要给产品相关人员演示产品功能，测试人员检查主干功能和流程的完整性，最终决定是否进入测试环节，具体流程如下。

（1）**演示主干流程**。开发人员组织会议进行产品主干流程演示，不需要所有人员参加，但核心人员必须到场。

（2）**检查遗漏项**。测试人员检查核心流程是否有遗漏，测试负责人和产品负责人根据功能实现是否完整和是否有阻塞性 bug，决定提测是否通过。

（3）**公告提测结果**。无论提测是否通过，提测的结果都要以电子邮件的形式通知所有产品相关人员，提测通过后会进入正式的测试环节。

7.3.3 测试

测试环节具体工作包括域名检查、规范检查、流程把控、进度跟进、上线检查和准入上线 6 个部分。具体内容如下。

（1）**域名检查**。检查提测域名规范，域名名称为“访问端.工程名.域名”，如“test.api.demo.wanghaidong.cn”。

（2）**规范检查**。测试负责人检查提交 bug 的内容描述是否规范，是否包括问题场景、操作步骤、输入数据、实际结果、预期结果、问题描述、问题截图、日志信息和备注等关键信息。

（3）**流程把控**。按照 bug 处理流程严格执行测试，bug 处理流程包括提交 bug

流程、处理 bug 流程、无法解决 bug 处理流程、重复 bug 处理流程、设计如此 bug 处理流程、延期 bug 处理流程和不予解决 bug 处理流程等。

（4）**进度跟进**。测试负责人及时了解产品情况，跟踪 bug 提交规范，反馈整体测试进度。当测试进度出现偏差而无法按期交付时，需及时反馈，并召集相关人员开会讨论，共同制定应对方案。每日通过日清、周报、产品群、面对面交流等方式反馈信息，并及时输出测试报告。

（5）**上线检查**。代码发布到预发布环境前，要检查需求实现完整度、测试用例覆盖度、设计细节点等。对于测试结果，如果实现细节未完全达标但不影响主干流程，根据产品要求和实际情况可酌情考虑是否放行。

（6）**准入上线**。产品达到上线的要求要达到用例 100%覆盖产品功能且所有的 bug 都修改完毕，没有遗漏的问题。

7.3.4 总结

产品发布后，要及时输出测试总结，测试总结要记录到 wiki 知识系统中，通知所有产品参与人员查看。对于测试总结要做两部分重要的分析，分别是整体数据分析和 bug 数据分析。

（1）**整体数据分析**。重要指标分析包括设备、版本、bug 总数、严重 bug 数、新 bug 数、修改两次以上的 bug 数和测试时长。通过这些数据可以分析出每一轮测试程序的质量、容易出错的代码业务逻辑和各业务模块的测试时长。

（2）**bug 数据分析**。因为统一在禅道系统中对测试数据进行管理，所以可以利用禅道系统输出测试报表。禅道系统支持统计的维度包括：产品 bug 数、版本 bug 数、模块 bug 数、每天新增 bug 数、每天解决 bug 数、每天关闭 bug 数、每天提交 bug 数、每人解决 bug 数、每人关闭 bug 数等，选择相应的统计维度即可生成统计图表。

有了统计数据后，利用统计数据对测试工作分析复盘，进一步找到问题根源，进而提高产品人员的需求文档质量、技术人员的代码质量和测试用例质量，提升测试效率，避免相同的问题多次出现，同时还可以评估技术人员能力和需求排期的合理性。

7.4　用例评审流程

为了使所有开发人员和测试人员对需求理解一致和提升测试用例的覆盖率，需要进行测试用例评审。用例评审中主要检查测试用例的清晰度、场景覆盖率、可操作性、破坏性验证案例等。

7.4.1　评审前

用例评审前要做好准备工作，提前和技术人员沟通，确定参与用例评审的人员，要求大家提前熟悉用例。

（1）**用例编写。**测试用例的框架编写可以用 Xmind 工具，最终的用例内容需要登记到 wiki 知识系统上，并在评审前发送给参会人员。对于测试用例的要求，首先要覆盖所有模块功能，同时还要包括性能和体验部分；其次测试用例要包含清晰的输入项和输出项，有明确的数据支撑，基于数据和条件驱动；再次测试用例描述的测试方法、测试版本、测试环境、输入值、期望结果和操作步骤要简单易于理解，同时测试用例要清晰地标注出测试重点和难点，对于前置条件和复杂条件要详细说明，保障用例清晰，避免用例评审会议上对用例提问过多。最后测试用例和程序一样，要考虑灵活性，在业务发生变更时，需要能快速调整用例，避免需求频繁变更造成用例维护成本过高。

（2）**确定参与者。**用例编写完成后，要提前通知参会人员，让参会人员提前安排参会时间。对于参会人员，一般来说，产品相关人员需要全部参与，一方面能够补充用例，另一方面可以减少细节遗漏，提高用例的准确性并确认具体流程规则。

（3）**熟悉用例。**提前将用例发给参会人员，让大家仔细阅读测试用例，了解业务需求和核心测试点，对测试用例中不理解的地方要及时记录。对于逻辑和流程比较复杂的测试用例，测试人员要在评审前和参会人充分沟通，减少评审会议的提问数量，进而提升评审效率。

7.4.2　评审中

（1）**清晰表达。**测试用例是检验程序质量的标准，因此语义表述要简洁清晰，评审中先讲解测试用例的整体结构和各模块注意点，再进行细节说明。要求语言简洁、逻辑清晰，简洁的语言能让大家迅速理解用例，提高用例评审的效率。

（2）**有序讲解**。按用例层次讲解，首先讲解业务流程，其次讲解核心功能，最后讲解逻辑规则。对于功能复杂和疑问多的功能要优先讲解，确保重要的用例内容先评审。

（3）**评估用例**。对于讲解的每一个执行用例，参会人员需要进行评估，决定用例评审是否通过，对于有疑问的地方及时进行记录。

（4）**会议提效**。为了提高会议效率，会上不允许打断用例讲解，讨论问题的时间也不宜过长，对于疑难问题及时记录下来，会后再进一步讨论落实。

7.4.3 评审后

评审结束后及时修订测试用例的内容，对于用例评审中的待跟进事项，要明确时间节点、责任人和交付物，用电子邮件及时通知产品所有相关成员。如果用例需要进行二次评审的，要提前预约参会人员的时间。用例评审通过后需要对测试工作进行排期，同时还要在测试组内进行用例工作的复盘总结，提升用例的编写质量。

7.5 运维巡检流程

互联网技术团队每天都在抢时间，产品在不停地开发和上线，系统不断调整和升级，程序中任何一个微小的变化都可能会对整个产品产生巨大的影响，甚至造成重大的事故。

每次遇到紧急上线，运维人员都比较紧张，担心系统发生难以预料的事情。其实对于很多线上事故，运维人员都可以通过巡检流程避免。

为了保证产品上线质量和业务系统正常运行，同时能快速高效地处理紧急事件，运维人员需要制定一套标准的巡检流程，对每日运维工作和系统运行情况进行检测。运维巡检流程的具体内容如图 7-9 所示。

为了能严格执行运维检查事项，技术团队管理者对流程的推动至关重要，要提高团队安全意识，要让团队在建立安全流程这件事上达成共识，只有达成共识，巡检流程才能协调、推进和落地，并在实践中不断完善优化，只有这样才能开展好运维的建设工作。

检查日期：2019 年 8 月 4 日				
检查项	子项	状态	子项	状态
系统及硬件	主机硬件检测	正常　异常	系统性能检测	正常　异常
	系统和集群日志分析	正常　异常	硬件诊断	正常　异常
	电压及网络情况检查	正常　异常	系统进程监控	正常　异常
	系统配置参数检查	正常　异常	登录安全监控	正常　异常
	数据备份及安全检查	正常　异常	服务器登录权限设置	正常　异常
	磁盘使用情况检查	正常　异常	漏洞修复	正常　异常
数据库	参数配置	正常　异常	告警和事务日志分析	正常　异常
	磁盘空间检查	正常　异常	数据库备份与恢复	正常　异常
	用户角色和安全设置	正常　异常	访问压力和性能分析	正常　异常
	账户口令检查	正常　异常	慢 SQL 日志分析	正常　异常
应用服务	应用的配置检查	正常　异常	数据安全性检查	正常　异常
	应用日志输出规范检查	正常　异常	服务间通信监控	正常　异常
	应用调用路径监控	正常　异常	应用版本一致性检查	正常　异常
	应用服务性能监控	正常　异常	服务器使用率检查	正常　异常
	日志告警分析	正常　异常	安全和性能监控	正常　异常
	应用服务资源利用率检查	正常　异常	网络性能分析	正常　异常
	应用服务的运行监控	正常　异常	云服务计费检查	正常　异常

图 7-9　运维巡检流程

7.6　小结

- 需求获取后要进行合理的评估和分析，确定需求的优先级。
- 好的需求文档很难一步到位，一份好的需求文档是通过不断优化形成的。
- 需求评审、技术评审和用例评审都需要在前、中、后三个阶段做好相应的工作。
- 技术团队要加强代码审查，代码审查可以提升技术人员的能力并统一技术团队的编码规范。
- 完善的测试流程可以有效地降低风险，及早发现程序隐患，降低程序修复成本。
- 运维巡检流程的检查项包括系统及硬件检测、数据库检测和应用服务检测。

第8章 规范管理

现实中让团队依靠自律完成工作是靠不住的，那么技术团队管理者该如何管理团队的执行过程，对于交付的工作确保最终能得到满意的结果呢？

团队成员每天按部就班地工作，对团队固有的工作习以为常，很容易形成路径依赖，而路径依赖是一件很可怕的事，因为即使路是歪的，也可能察觉不到。技术团队管理者如何才能摆脱路径依赖，重新审视团队的工作，让新加入的小伙伴快速熟悉和开展工作呢？

互联网公司的产品用户量往往较大，程序部署也非常复杂，对于每次产品版本迭代，技术团队管理者都会担心有什么遗漏操作。怎样制定一份完整的上线规范，来减少因操作遗漏而造成的不必要的麻烦呢？

8.1 走出混乱

先问一个问题，你的团队里的小伙伴自律吗？

很多技术团队管理者总是想让团队成员自律地完成工作，但不好意思，现实是残酷的。实际情况是，我们中的大多数人都不够自律。人的大脑每天思考的都是以最小的消耗获得最大的收益，而在成长中打破旧知、学习新知的自我迭代的过程并不轻松，如果我们过于依赖自律，很难坚持下去。

即便我们常常听到关于自律告诫的话语，例如“只有自律才能获得自由和进步”“若想征服全世界，就得征服自己”等，但人性就是人性，很难突破。因此，技术团队管理者不能用押宝“反人性”的方式来领导大家完成工作。工作交付的结果仅靠个人自律来控制，这和股市投资没什么区别，都属于风险极大的赌注。

有经验的技术团队管理者会从规范制度入手，用标准的输入动作去影响团队的执行结果，让团队从中收获到成功的动力，由这种及时反馈的动力来推动团队前行，这样才能最终固化成团队的执行习惯。

8.1.1　规范的认知

对技术人员来讲，“规范”这个词应该并不陌生，因为团队里每天都会有人讲要注意“代码规范”。的确，“代码规范”是被开发人员提及最多的规范，但技术团队要遵守的规范远远不止这些，还会包括其他规范，如 bug 处理规范、新人指导规范、项目上线规范、Git Flow 工作规范、需求评审纪要规范、技术设计规范等。

规范的本质是减少协作的成本，当技术团队只有一个人的时候，规范没有价值，但团队人数增长到几十人的时候，每个人都有自己的一套工作习惯，如果不进行规范化，团队成员之间的所有协作都要花费大量的时间进行沟通，彼此才能明白对方的意图。这种工作效率对技术团队来讲无疑是非常低下的。

另外，还会有些技术人员在工作中更多地想“创新”，觉得条条框框的规范要求限制了自己的想象力，更限制了自己能力的发挥。其实，一套好的规范，只是建立了多方协作的机制和合作的基本要求，恰恰是这些底层的规则帮助团队简化了合作的流程，能更高效地发挥团队的效能，让团队走出混乱不堪的工作状态，打造井然有序的规范化的工作。规范的制定能帮助团队避免很多低级错误，提高团队整体的工作成果。规范的价值主要体现在快速上手、减少错误、评价依据、约束行为和提高效率这 5 个方面，如图 8-1 所示。下面我们逐一介绍。

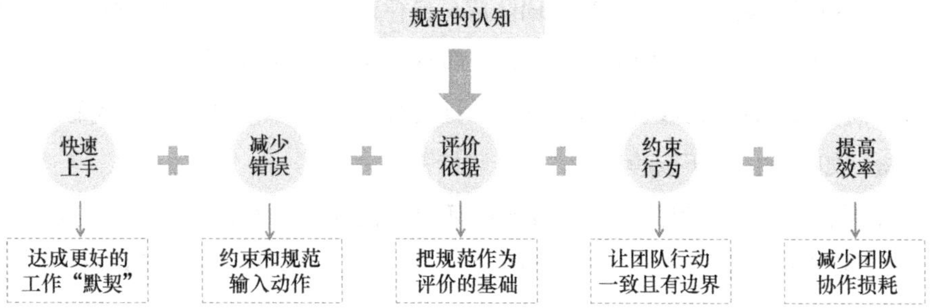

图 8-1　规范的价值

1. 快速上手

当技术团队中有新人加入时，技术团队管理者要做的第一件事情就是让新人先了解团队的工作规范，新人通过了解工作规范的内容就可以快速了解团队的情况。这些工作规范也为新人以后工作中的行为设定了基本准则——什么可以做，什么不能做，怎么做。新人通过这些工作规范也能快速接手现有团队的工作并融入团队，与团队成员达成更好的工作“默契”。

那么，规范如何让新人快速上手呢？我讲一个自己的例子。

几年前，我入职一家互联网公司，该公司业务发展迅速，需要快速组建一支技术团队。当时招聘的效率非常高，新人入职的速度很快。由于项目时间非常紧，我几乎腾不出时间来给新人做指导培训，也没有重视技术团队中的工作规范，更没有抽时间去检查技术团队中不规范的工作。项目功能开发得很快，但整体的配合程度其实并不理想。

新人不断被招聘进来，一些问题渐渐地暴露出来。例如，新人入职后接手新项目需要花费的时间越来越长，同时每次项目新功能的版本发布都可能影响其他业务功能的正常运行，团队成员因其他人的不规范操作而发出的抱怨声越来越多等。这些问题陆续产生，源头都指向了工作规范，团队没有一套标准的工作规范来指导和约束团队成员的工作细节。俗话说“没有规矩，不成方圆”，从古到今，一个体系能良好运行的前提都是先有规则，有了规则才会有基本的公平，有了公平才能确保体系内的参与者持续投入。想明白这点，就能理解规范的重要性。

规范除了能帮助新人快速融入团队和快速接手业务，还能降低团队人员离职产生的交接成本。当团队所有成员都按照工作规范完成任务，就不会出现理解上的偏差。就像买计算机时送的 USB 鼠标一样，这个鼠标换任何一台带 USB 接口的电子设备都可以无缝对接，不会存在鼠标坏了那台计算机就再也没有鼠标可用的情况。

2. 减少错误

技术团队中的新人，尤其是工作经验较少的技术人员，常常会犯一些低级错误，例如对 I/O、远程连接或文件操作后不进行资源关闭和释放，空指针异常却不做处理，用“==”做对象的比对等。这些低级错误都是偶发异常，测试人员并非每次都能发现，而如果在测试过程中没有被发现，这些隐患和风险在生产环境中就可能会引发程序异常，甚至导致严重事故的发生。

通过规范可以有效地减少这些低级错误的发生。团队中的工作规范通常都是在团队试错过程中不断迭代更新形成的，这些规范基本包括了团队日常工作中最常见和最容易犯的一些错误；严格遵守这些规范，低级错误就能有效地减少。技术团队管理者如果有复盘的习惯，可以在项目每次完成后及时进行全局的复盘总结，就会发现团队在执行过程中的很多不足之处，以及需要完善和改进的地方。针对团队执行中的问题，制定有效的改进方案，完善原有的规范和制度，再把这些实战经验记录到 wiki 知识系统中，就沉淀出了团队最宝贵的财富。得益于这些经验和总结，团队才能不断迭代成长，最终变得更加强大。

规范化的工作除了能够减少低级错误的发生，还可以避免情绪对工作产生影响而导致的错误，使工作中尽量减少遗漏和疏忽。人的情感是极其丰富的，每天都有各种微不足道的小事会影响情绪，而情绪又会通过行动来宣泄，工作时间又占据了人们日常的大部分时间，所以工作的成果极易受到情绪的影响。如果想让情绪的波动对工作成果产生最小化的影响，就需要对团队工作中的输入动作进行约束和规范，使团队高效且稳定地输出有价值的成果。

3. 评价依据

每个技术团队都会进行技术方案的讨论，技术方案讨论有时会非常热闹，大家会因为一个技术方案争论不休，每个人都尽情地表达自己的想法，可谓有理有据，无法反驳。例如有这样一个技术方案争论的场景，甲的观点是实现业务功能应该用新的技术实现方式，因为新的技术实现方式更加高效且代码量较少；乙的观点是应该严格按照团队的规范要求执行，而新的技术实现方式有太多不确定性，团队成员的协作和后期维护成本太高。双方会对这个问题久久地争执不下。

如果这时让技术团队管理者对各方案做出评价、从中选出一个最优的方案并非易事，有时对错好判断，但是对于都正确的两件事情，让你选一个更好的就会很难。因为对于评判对错我们每个人内心都会有把尺子，很容易界定边界，而对于都是正确的事情却没有标尺，缺少了评判的依据，谁优谁劣就无从谈起。对技术团队管理者来讲，对于方案的选择，有时候并不一定要最优解，适合往往比最优更重要，而这个适合的依据就是工作规范，因为工作规范是综合了很多因素，也是团队经历无数次的失败和成功后才总结出来的，它本身就是一把衡量和约束团队工作的标尺，所以工作规范可以作为选择团队技术方案时最基础且最权威的评判依据。

因为工作规范是团队在协作实践中总结出来的，所以越接近规范的东西就越能提升团队的工作效率。对一个组织来讲，团队整体提效永远是最重要的，个体再突出，其产生的效能也有限，根本无法和整体的效能相比。把团队的规范作为团队行事的准则无疑是合理的。盲目地打破规范会让团队再次回到混乱不堪的工作状态中。

4. 约束行为

如果技术团队管理者参与到代码审查中，就会经常发现团队里有人写代码是为了秀“技术肌肉”，有人写代码是为了实践新技术，还有人写代码只为了开发功能而不考虑性能和效率，总之，团队中会有很多人写代码是为了自己而非业务。这些情况在很多技术团队中都很常见，而且还会“屡禁不止”。其实这也很容易理解，因为人都有个性化的一面。这些“屡禁不止”的情况需要技术团队管理者制定详细的工作规范，而不仅仅是口头指责。

如果没有基本的工作规范，技术团队管理者多次警告无功而返后，往往就会听之任之，让团队成员“八仙过海，各显神通”，最终导致团队开发的程序问题频现，而且问题的修复周期会越来越长，人员离职和新人入职的交接成本也会越来越高。

规范可以有效地约束团队的工作行为，让团队行动一致且边界清晰，从而有效地界定哪些行为不符合团队的行为准则，让团队成员的个体目标向团队目标看齐，减少团队成员在工作中随意发挥所带来的工作成果不一致。有了规范的行为准则，技术团队管理者在进行代码评审的过程中就可以有效地减少不必要的沟通，团队成员以工作规范作为评价依据也可以减少争执，让团队用一起制定的规范准则检验行为和成果，进而管理团队的行为。

5. 提高效率

工作规范可以让团队按照既定的要求完成工作，减少因工作中的基本要求未达标所造成的返工，让团队工作有参照和考量的标准。工作事项有明确具体的要求和验证结果的评价依据，团队成员工作中的协作效率会提高。如果没有工作规范，只有任务要求，工作过程中往往就会出现问题，结果自然也很难令人满意。减少重复无效的工作才能更高效。

规范除了可以减少低效的劳动，还可以让团队对一件事情的最低认知能力快速提到一个基线上。举个例子，团队的代码规范中要求线程池的创建使用 ThreadPoolExecutor，而不使用其他方式。ThreadPoolExecutor 创建线程池的方法参数更加详细，这样可以让团队成员对代码中线程池的使用和运行规则更加清晰，降低了内存溢出造成一些资源过度消耗的风险。当团队成员能在一个最基本的认知水平上交流时，能提高沟通效率，快速达成基本共识，进而可以留出更多的时间投入在难点问题的讨论和突破上，而不会因为一些小问题耗费时间。

其实，提升团队效率的核心还是要让团队高效地协作，协作中的损耗越小，信息的传输和理解效率就会越高，这也是技术团队管理者制定各种制度、规范和流程的初衷。尽量减少个体在最基本工作层面的差异，在这个成果之上，团队间的配合和迭代才会更有效，使团队去中心化，不会因人废事，让同一件事情由不同的人做的结果基本一致。

8.1.2 规范的形成

上面讲到了技术团队的工作规范是经过团队不断试错和完善而形成的，这并非一朝一夕的事情。规范的形成会经历初步规范、问题诊断和优化改进这 3 个阶段，如图 8-2 所示。

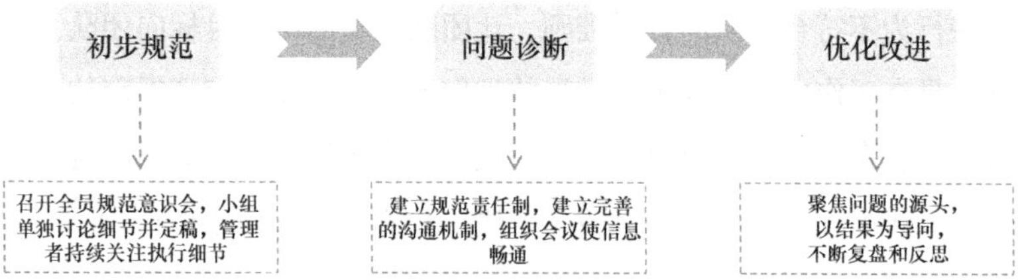

图 8-2 规范形成的过程

1. 初步规范

技术团队的初步规范一般都是由技术团队管理者制定的，规范的内容是技术团队管理者以往带队经验的总结，这个阶段的规范基本能涵盖团队现有的基本工作要求。规范的制定会围绕工作内容开展，这些规范根据工作内容的不同包括 bug 处理规范、新人指导规范、项目上线规范、Git Flow 工作规范、Git 和域名命名规范、数据库使用规范、产品需求登记规范、需求评审纪要规范、技术设计规范和 VPN 使用规范等。这些初步的工作规范为团队建立了良好的协作机制，指引了团队的基本行为，减少了团队成员日常工作中的一些低级错误。

对于初步规范的制定，技术团队管理者需要召集所有团队成员郑重地开一次会，在会上逐条讨论初步规范的合理性，对于不合理的规范可以提出优化的建议，让规范更适用于现有的业务和团队。这样的规范讨论会议形式，能让团队更加谨慎地看待工作规范要求。虽然初步规范的内容不一定很健全，但也要有强硬的惩罚措施，以确保工作规范不仅仅是“纸上谈兵”，要求团队严格执行一起制定的规范，对于成心或因责任心而违反规范要求的团队成员要给予一定的“处罚”。

对于规范中要求的内容，会因为技术人员的岗位不同而有所不同，所以经过全员的规范意识会议后，要根据规范的内容召集相应岗位的技术人员，单独小组讨论细节并最终定稿。由于工作规范的内容是由技术团队中最直接相关的人一起参与制定的，团队就会有参与感，对于制定的规范要求更能自觉地遵守，同时也会监督其他人的执行。

初步规范执行的初期非常关键，这个阶段是团队成员犯错的高峰期，因为整个团队的规范意识还没有建立起来，团队成员还是会习惯性地按照之前的行为准则行事。在这个阶段，技术团队管理者要持续关注团队的做事细节，帮助团队逐渐适应规范的内容，利用规范来约束工作行为。

2. 问题诊断

当团队习惯了工作规范的要求，团队的协作效率得到了进一步提升，团队到达了一个新的高度，这时恰恰也到了团队的发展瓶颈，一些新的问题会陆陆续续地暴露出来。例如，初步规范中要求的内容当时只考虑了 A 场景的要求，现在出现了 B、C 的场景，规范中的场景出现了严重的缺失；初步方案规定了某一种技术实现方式，而这种技术实现方式目前的技术漏洞很大，无法继续在团队中推广等。所以，在这个阶段技术团队管理者要建立一套完善的问题诊断流程，确保问题能及时反馈并修订相应的规范。

对于规范的问题诊断，首先需要建立规范责任制，让工作规范的最直接相关人及时记录规范执行中的一些问题，并快速向上反馈，让问题与人强关联。如果有问题不及时反馈，直接的责任人就要承担相应的责任，让问题能快速呈现出来。其次要建立完善的沟通机制，团队中除了有问题时反馈，平时也可以有效地沟通，商讨更高效的工作方法。最后，技术团队管理者可以定期组织会议讨论，让信息流畅互通，设立“优秀问题奖”，鼓励团队成员发现和改善现有工作规范的不足。

这个阶段，团队主要是通过观察工作细节发现规范的不足，逐步调整规范，让规范能更加有效地使团队的行为动作趋于完善。

3. 优化改进

发现问题并不是难事，能对此提出有效的改进方案才是能力。对工作规范中需要改进的问题，团队诊断后就需要优化和改进规范中的不足，让团队对新的规范要求达成共识，并在接下来的工作中严格地遵守和执行这些规范。

对于规范的改进更多源于对工作的深度思考，聚焦问题的源头，以结果为导向，不断复盘和反思，找出团队执行中的亮点和不足，找到导致问题产生的关键点，通过一些问题指导自己找到更好的解决方法，例如“制定每条规范的目的是什么”“团队的行为有哪些明显的问题，并且还反复出现”“出现的问题有哪些是可控的”“改进的方案如何落地执行，执行中会有哪些障碍”等。有了思路后再找相关人员讨论，验证想法的可行性。

特别需要注意的是，规范的内容需要内容精练，语意明确，不能有歧义，以确保团队成员都能清晰地理解，尤其要避免使用特定场景的专业术语，要能让更多与技术团队协作的人看明白，就像技术人员定义的 API 接口一样，任何与技术团队协作的人员都可以按照规范要求和技术团队配合。

对于确定的规范内容要及时更新到原有的规范中，对新的修订内容用不同颜色的字体特别标记出来，并在电子邮件和团队沟通群中及时告知团队成员。

以上介绍了规范形成的 3 个阶段，下面分别介绍 10 条技术团队中常用的工作规范，这些规范都是技术团队管理中会用到的。期待团队成员永远自律地工作是不现实的，相反，我们通过使用管理工具与制度来约束和优化团队行为，从而形成更好的工作方式，才是科学的。因此，想办法打造适合团队发展的工作规范是技术团队管理者绕不开且必须持续思考的问题。

8.2　bug 管理规范

在第 7 章我们讲到了测试流程，测试中的核心工作是处理 bug。bug 的处理有一套标准的规范，这套规范有利于对 bug 的基本信息和操作流程进行记录与管理，确保 bug 的描述更清晰、流程更可控，同时也能帮助技术人员快速发现、定位和解决 bug。对于 bug 的处理规范，我们从角色和职责、基本要求、bug 描述规范这 3 方面进行说明。

8.2.1　角色和职责

bug 的处理过程中涉及 3 种角色，分别是测试人员、开发人员和项目负责人，下面是他们各自的职责。

（1）**测试人员**：根据产品文档进行测试，并提交测试中的程序 bug，协助开发人员定位疑难 bug 并验证开发人员已修复的 bug，确定是否关闭 bug，同时还要评估产品的测试进度和延期风险，测试完成后及时输出测试报告。

（2）**开发人员**：检查测试人员提交的 bug 描述是否符合规范，对 bug 描述中的问题及时定位并修复，评估 bug 处理进度，讨论技术难点的解决方案，并填写 bug 的成因和注意事项等。

（3）**项目负责人**：推进项目整体进度，协调和安排项目组成员的工作，难点问题的讨论，把控测试环节的质量和风险等。

8.2.2　基本要求

为了让测试人员和开发人员高效地协作，减少不必要的沟通成本，bug 管理要符合一定的要求，具体内容如下。

（1）**善用工具**：用系统对 bug 进行集中管理，以便对 bug 进行跟踪、统计和分析，评估延期风险，跟进和统计项目人员的工作情况，bug 问题定级等。

（2）**清晰记录**：bug 描述信息要清晰，内容要尽可能详细，包括标题、内容、附件、群内沟通信息等。

（3）**及时修复**：bug 为激活状态的，开发人员需及时评估修复工期，非复杂性

bug 需在当天修复完，并提交给测试人员进行测试。

（4）**注释说明**：开发人员修复 bug 后必须添加说明，描述 bug 的成因和注意事项等。

（5）**bug 验证**：bug 为待验证状态的，测试人员需在当天进行 bug 验证。

（6）**关闭 bug**：bug 关闭统一由测试人员操作，开发人员不能随意修改 bug 状态。

8.2.3　描述规范

为了能让技术人员根据 bug 描述信息迅速重现 bug、定位 bug 并解决 bug，提交 bug 时需要填写详细规范的 bug 描述信息，具体的 bug 描述规范如下。

1. 标题

标题是对内容的核心概括和总结，规范的 bug 标题可以让技术人员一眼就看出 bug 的问题。下面是 bug 标题描述规范。

（1）**简洁明了**：bug 的标题描述要简洁明了，明确问题的重点，用最直接的词语描述清楚环境和影响点，标题描述要写明 bug 出现的位置、条件和具体的结果。

（2）**结构清晰**：好的标题，一看就知道问题所在。好的标题由功能、条件和情景 3 部分构成，也就是什么模块/功能，在什么条件下触发的，发生了什么。

（3）**备注问题**：例如由于数据问题导致的 bug，需在标题中标注数据问题，例如，[商品]部分商品的详情页报 NullPointerException 异常（数据问题、非程序问题）。

（4）**备注环境**：由兼容性导致的问题，需在标题后面备注测试环境，如[支付]支付成功后的结果页样式混乱（仅在 360 极速浏览器上出现）。

2. 描述

bug 描述内容是标题内容的补充和扩展，完整的 bug 内容描述包括问题场景、执行流程、异常结果、正常结果、问题描述、问题截图、日志信息、补充信息、日志文件和录屏文件 10 个部分。

（1）**问题场景**：bug 问题发生的特定场景，例如机器内存不足、特定设备型号、访问量大、特定时间点等情况下出现的问题，这些信息非常重要，需详细描述。

（2）**执行流程**：如何操作才出现的 bug，可用序号标记每一次详细的执行动作，必要时需截图说明，特定条件下才触发的 bug 需要备注。

（3）**异常结果**：按照测试用例测试时出现的异常情况，要清晰地描述执行结果和影响范围，必要时提供详细的测试数据，以便开发人员快速定位 bug。

（4）**正常结果**：按正常业务流程操作应该出现的结果，正常结果和异常结果要备注清晰，避免开发人员混淆。

（5）**问题描述**：对测试中的异常结果和正常结果的偏差进行详细描述。

（6）**问题截图**：对 bug 的错误信息和操作步骤进行截图，便于直观描述错误。

（7）**日志信息**：需要进行日志分析才能解决的 bug，要提供操作日志。

（8）**补充信息**：附件是对 bug 描述的补充，主要是对标题和内容描述之外的补充，附件包括截图、录屏、系统日志等。

（9）**日志文件**：对于无法确认的 bug 需要上传日志文件，以便开发人员对 bug 进行查找和定位。

（10）**录屏文件**：对于操作流程长且操作过程中出现多处 bug 的情况，为节省 bug 提交时间，可上传录屏文件。

3. 紧急度

bug 的等级分为 P1、P2、P3、P4 四个等级，具体等级说明如表 8-1 所示。

表 8-1 bug 等级

bug 级别	说明	紧急度
P1	功能不可用或有重大缺陷，阻塞测试。如应用无法打开、500 错误、系统异常、闪退、按钮无法使用等	非常紧急，立即处理
P2	核心功能出现 bug，阻塞测试。如数据在后台更新后前端没有同步更新、商品的评论功能失效、系统稳定性差等	紧急，尽快处理
P3	部分次要功能出现 bug，不影响主干流程测试。如评论或点赞数量没有实时增加，无参数校验、未修改程序配置参数等	一般，正常处理
P4	优化型功能，是用户体验的加分项，如设计细节、字体大小、文字排版等细节体验	不紧急，有空时处理

4. 状态

bug 的状态分为激活、已解决、重复出现、设计如此、延期处理、已关闭、废弃等，具体状态说明如表 8-2 所示。

表 8-2　bug 状态表

bug 状态	说明
激活	测试人员提交 bug，开发人员确认，bug 处于待修改状态
已解决	开发人员修复 bug 后，把 bug 状态修改为已解决，待测试人员验证
重复出现	之前版本出现的 bug 或同一个版本的 bug，修复后，当前版本重复出现
无法解决	bug 无法修复，考虑其他解决方案
不予解决	测试人员提出的 bug 不合理或对系统的影响几乎为零，项目相关人员讨论后决定不予解决
设计如此	产品设计时考虑欠缺或者是优化型建议，不在本版本修复
延期处理	出于其他因素考虑，当前版本不做修改，延后处理
已关闭	测试人员验证通过，状态变更为已关闭
废弃	非正常 bug，项目负责人或产品人员确认后，状态变更为废弃

8.3　新人指导规范

团队里的老员工对工作流程的好坏可能并不敏感，原因是路径依赖。路径依赖是一件很可怕的事，因为即使路是歪的也没人能察觉。他们天天在团队里按照既定的习惯工作，对固有的工作早已习以为常。即使团队协作中有不流畅的地方，大家也会觉得理所当然。就像几十年的老友，即使对方身上有很多缺点，彼此也感觉不到。但是技术团队管理者必须摆脱路径依赖，不能对既定的团队流程习以为常，要不断优化流程和规范，考虑如何让新加入的小伙伴快速地熟悉和开展工作。

回忆一下，你入职一家新公司时，面对陌生的环境和陌生的人，一时间是不是会让你无所适从？新员工入职时对公司的规范制度、业务流程、岗位细则都不了解。制订新人成长指导计划能够帮助新员工快速了解业务方向，熟悉工作流程，融入团队环境。但是新人成长指导计划也需要有计划地开展，以帮助新人循序渐进地进入岗位角色。那么，如何制订新人成长指导计划呢？我们以 Java 开发工程师为例，整个新人指导计划分为 4 个阶段。

第一个阶段主要是掌握基础工作内容，包括了解团队、熟悉流程、开通权限和学习 wiki 知识系统的内容，掌握常用工具、流程规范、应用配置和账号权限，掌握日常项目代码、线上系统、应用配置和网络架构，熟悉数据备份、配置变更、项目脚本和发版事项，熟悉脚本和日志，学习排查经验和持续集成工具，熟悉上线规范和周访谈，如图 8-3 所示。

团队	熟悉项目、工作流程、制度、规范，开通账号，查看文档库
工具	熟悉常用工具、自动化工具、配置文件、日志规范、操作权限
服务	熟悉服务调用机制、应用框架和配置、库表结构设计、系统告警策略等
运维	熟悉数据备份策略、配置变更流程、项目的执行脚本、发布注意事项
脚本	熟悉业务需求、熟悉排查方法、了解持续集成、熟悉上线清单规范

图 8-3　第一阶段的工作

第二个阶段主要是代码编写与服务监控，包括完成具体业务模块的开发，完成业务模块的单元测试，编写业务日志收集规则，深入理解监控系统的各项指标和数据，优化系统配置和脚本以及参与服务的日常监测、维护、告警等工作。

第三个阶段主要是参与工作实战，具体包括跟踪一次项目上线，加快熟悉流程规则，参与服务端开发和架构工作，根据业务需求制定技术解决方案，负责问题排查及应急问题的处理工作，在主管的指导下完成服务器集群部署、管理和监控工作，检查服务的性能瓶颈和安全策略以及对现有研发工作的优化提出改进建议。

第四个阶段主要是独立负责日常工作，具体包括制定数据备份与恢复策略，参与技术体系的搭建，保障服务稳定性和安全性，编写系统常用的组件和公共服务，参与日常的系统发版、监控、升级和调优工作，参与制定团队的流程、制度、规范和工作计划，参与团队文档化和自动化工作及月度工作总结复盘。

新人指导计划的 4 个阶段的时长通常为 1 个月，每个阶段的时长为 1 周。技术团队管理者根据新人在每个阶段的表现对新人做出评估，指导计划进行中新人的表现可为新人试用期后的去留决策提供参考的依据。

8.4　项目上线规范

即使是一名经验丰富的技术主管，经历了多次复杂的项目上线，也仍然很难保证下一次上线就会很顺利，因为对于一次顺利的上线，除了要求功能全部通过测试，还存在很多隐性风险需要考虑，如环境问题、版本切换问题、数据清洗或迁移问题、第三方接口稳定性问题等。因此，如果上线前能有一份详细的上线管理规范，就可以帮助技术人员减少遗漏，确保上线质量。下面我们一起来看看上线管理规范有哪些内容。

8.4.1 基本要求

每次上线前，技术人员都需要给运维人员提交一份上线确认单，如表 8-3 所示。上线确认单是运维人员上线部署的操作依据，要求详细写明每一条执行步骤，执行完毕后需确认，还要注明上线失败后的回滚机制。

表 8-3 上线确认单

操作项	执行脚本	版本号	环境	分支	操作人	责任人	确认
更改系统配置项		v1.2-rc-1	预发布	master			□ 执行
执行 SQL 脚本		v1.2-rc-1	预发布	master			□ 执行
更改 MQ 配置项		v1.2-rc-1	预发布	master			□ 执行
清洗数据		v1.2-rc-1	预发布	master			□ 执行

执行上线确认单时，对于每一个操作项的研发和测试，责任人必须在场，同时要避免多个项目在同一时间段执行上线确认单。

8.4.2 执行步骤

上线确认单主要用于对上线过程中各步骤的确认，分为上线前准备、预发布环境操作和生产环境操作这 3 部分。下面以新零售电商项目为例，涉及的项目包括商户后台、微信公众号、服务端 API、延迟队列服务、调度服务和定时任务，涉及项目的操作信息也要及时记录，如表 8-4 所示。

表 8-4 项目信息表

项目	版本	上线时间	Git 地址	分支	上线版本号	当前状态	责任人
商户后台	v1.2	2019/10/20		master	v1.2-rc-1	□ 已上线	
微信公众号	v1.2	2019/10/20		master	v1.2-rc-1	□ 已上线	
服务端 API	v1.2	2019/10/20		master	v1.2-rc-1	□ 已上线	
延迟队列服务	v1.2	2019/10/20		master	v1.2-rc-1	□ 已上线	
调度服务	v1.2	2019/10/20		master	v1.2-rc-1	□ 已上线	
定时任务	v1.2	2019/10/20		master	v1.2-rc-1	□ 已上线	

1. 上线前准备

项目上线前的准备工作包括环境确认和搭建、准备测试数据和信息通报，具体如下。

（1）根据压力测试结果，准备机器和部署环境（运维人员）。

（2）日志收集和预警机制搭建，便于发现系统问题（运维人员）。

（3）服务器环境配置和软件安装（运维人员）。

（4）审核上线确认单，确保可按步骤执行（运维人员、技术负责人）。

（5）代码评审和质量扫描，避免引发线上事故（运维人员、技术人员）。

（6）准备好本次预发布环境和生产环境的测试数据（测试人员）。

（7）检查服务器时间是否正确（运维人员）。

（8）检查各个环境涉及的应用配置，如 Nginx、MySQL、Tomcat 等（运维人员）。

（9）磁盘空间检查，包括数据库服务器、缓存服务器和程序服务器等（运维人员）。

（10）同步项目相关人员上线信息（项目负责人）。

2. 预发布环境操作

预发布环境操作项包括配置文件更改、执行 SQL 脚本、清洗数据和性能监控，具体如下。

（1）更改程序配置文件，详细配置由技术人员提供（运维人员）。

（2）更改数据库、缓存、搜索分析引擎、队列等应用配置（运维人员）。

（3）前端组件库版本升级，具体版本号由前端技术人员提供（运维人员）。

（4）执行数据库操作语句，执行语句由技术人员提供（运维人员）。

（5）合并到 release 分支，打标签（技术人员、运维人员）。

（6）发布 release 分支到预发布环境（运维人员）。

（7）测试人员详细测试一轮预发布环境的产品功能（测试人员）。

（8）关注操作日志、机器性能、消息积压情况（运维人员）。

3. 生产环境操作

生产环境操作项包括配置文件更改、执行 SQL 脚本、清洗数据、性能监控、安全检查和同步上线结果，具体如下。

（1）将 release 分支代码合并到主干分支和开发主分支，并打标签（技术人员）。

（2）更改程序配置文件，详细配置由技术人员提供（运维人员）。

（3）更改数据库、缓存、搜索分析引擎、队列等应用配置（运维人员）。

（4）前端组件库版本升级，具体版本号由前端技术人员提供（运维人员）。

（5）执行数据库操作语句，执行语句由技术人员提供（运维人员）。

（6）发布主干分支到生产环境（运维人员）。

（7）测试人员详细测试一轮生产环境的产品功能（测试人员）。

（8）关注操作日志、机器性能、消息积压情况（运维人员）。

（9）安全防护，包括防火墙、端口、网络参数、定时任务、弱口令等（运维人员）。

（10）邮件通报本次上线结果（运维人员）。

8.5 Git Flow 工作规范

敏捷项目开发中，多地点、多成员、多版本和多环境协同开发是很常见的，因此，如果没有统一的代码管理规范指导开发人员的工作，他们就很难高效协作，甚至会做很多无用的工作。尤其是当不规范或有 bug 的代码提交到 Git 代码仓库而需要快速回滚时，如果团队没有一套标准化的 Git Flow 流程管理体系，那么将非常麻烦。

8.5.1 基本要求

Git 使用时要遵循以下规范，这些基本规范是团队协作的前提。

（1）**忽略无效文件**。对于和源码不相关的任何文件，不允许提交到 Git 代码仓库，需要在.gitignore 文件中添加忽略信息，如 bin、build、target、out 文件夹等。

（2）**提交备注**。Git 提交任何代码，必须填写说明信息，否则禁止提交，清晰的说明可以快速追溯和定位代码。

（3）**分支区分**。Git 的长期分支有 master、develop，临时分支有 release、feature、hotfix，所有临时分支修改的内容最终都需合并到长期分支上，代码合并后可删除临时分支。

（4）**master 分支**。master 是主分支，不同版本都有不同的标签，该分支是安全分支，分支代码只能从其他分支合并，禁止在该分支上进行开发。

（5）**develop 分支**。develop 是功能集成分支，分支初始代码来源于 master 主分支，之后代码由其他开发分支合并，不允许在该分支上进行开发。

（6）**feature 分支**。feature 是新功能开发分支，分支代码来源于 develop 分支，同一个项目的不同版本对应不同的 feature 分支。

（7）**release 分支**。release 是预发布分支，主要用于测试和修复 bug，不允许在该分支上开发需求。

（8）**hotfix 分支**。hotfix 是热修复分支，是处理生产环境 bug 而产生的分支，bug 修复后即可删除，删除前需合并到 master 和 develop 分支，同时要打一个标签。

8.5.2 操作流程规范

Git 的操作流程规范主要用于对各分支进行规范管理，避免开发过程中出现分支冲突或混乱的情况，以有效地实现各分支和各版本代码独立维护的目的，从而提高团队的开发效率。具体流程规范如图 8-4 所示。

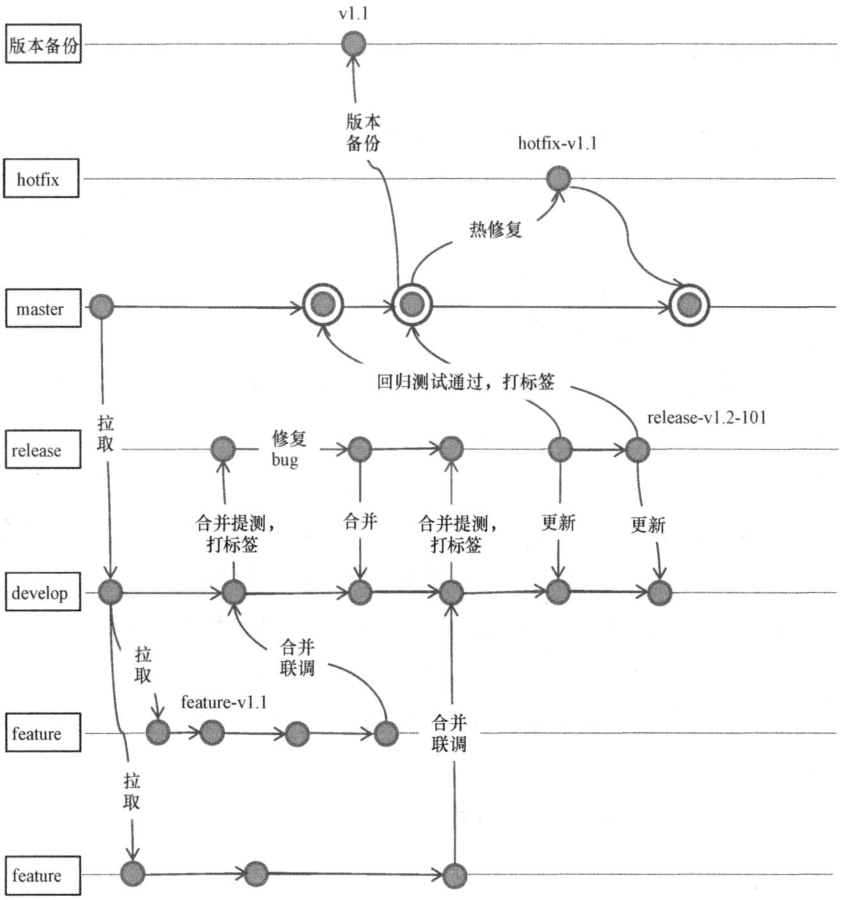

图 8-4 Git 的操作流程规范

8.6 Git 和域名命名规范

互联网公司对于一个项目往往有很多开发程序，尤其是现在微服务相当流行，一个项目可能被拆解成很多个服务，如果想在 Git 代码仓库中快速找到想要的程序，就必须对 Git 仓库中的应用程序制定标准的命名规范，通过域名和 Git 仓库中应用程序建立关联就是不错的选择。通过访问域名可以快速找到 Git 仓库中的项目，对 Git 仓库中应用程序的命名采用工程名和访问端组合的方式，格式为“工程名-访问端”，域名命名由访问端、工程名和域名 3 部分组成，格式为“访问端.工程名.域名”，不同的环境以 wanghaidong.cn 域名为例，具体的域名和项目对应关系如表 8-5 所示。

表 8-5 Git 仓库命名对照表

项目名	访问端	描述	Git 仓库命名	域名命名示例
demo	API	API 接口	demo-api	api.demo.wanghaidong.cn
	Web	PC 端	demo-web	demo.wanghaidong.cn
	HTML5	手机 HTML5 端	demo-h5	m.demo.wanghaidong.cn
	Admin	管理后台地址	demo-admin	admin.demo.wanghaidong.cn

域名在不同环节中的前缀不同，对应的生产、开发、测试和预发布环境的域名规范如表 8-6 所示。

表 8-6 域名规范

项目名	访问端	生产环境	开发环境	测试环境	预发布环境
demo	API	api.demo.wanghaidong.cn	dev.api.demo.wanghaidong.cn	test.api.demo.wanghaidong.cn	pre.api.demo.wanghaidong.cn
	Web	demo.wanghaidong.cn	dev.demo.wanghaidong.cn	test.demo.wanghaidong.cn	pre.demo.wanghaidong.cn
	H5	m.demo.wanghaidong.cn	dev.m.demo.wanghaidong.cn	test.m.demo.wanghaidong.cn	pre.m.demo.wanghaidong.cn
	Admin	admin.demo.wanghaidong.cn	dev.admin.demo.wanghaidong.cn	test.admin.demo.wanghaidong.cn	pre.admin.demo.wanghaidong.cn

8.7 数据库使用规范

互联网平台的日访问量和数据量都非常大，所以在设计数据库的时候，非常有必要制定一套标准，数据库设计规范包括库表设计规范、SQL 编写规范、操作规范这 3 个方面内容。下面我们以常用的 MySql 为例，一起来整理一下使用规范。

8.7.1 库表规范

库表的设计规范包括存储引擎、外键、编码、列名、字段、语句和备注等，SQL 语言和我们常用的开发语言一样，良好的规范可以帮助团队快速了解逻辑，具体的库表规范如下。

（1）**存储引擎。**选用 InnoDB 作为存储引擎，除了读远多于写的操作可以用 MyIASM 存储引擎，InnoDB 存储引擎支持事务、行级锁、外键约束，适合执行大量 insert 和 update 操作。

（2）**减小数据库压力。**不使用存储过程、函数、触发器、事件和视图，因为它们难以调试、不利于扩展、移植性差，所以应把业务逻辑放到程序中处理，以减小数据库压力。

（3）**外键约束。**不使用外键约束，因为外键虽然是为保证完整性和一致性而设计的，但是在操作中严重影响性能，基本上互联网公司的技术团队都会禁止使用。

（4）**编码规范。**采用 UTF-8 编码，对于特殊符号的存储，使用 UTF8MB4 编码，这样虽然增加了存储空间，但是无乱码风险。

（5）**命名规范。**数据库表中的列名用小写字母加下划线连接，如 user_name、user_account，字段名称通常使用英文单词。

（6）**保留字段。**建表时不使用数据库的保留字段，像 ADD、ALERT、AS、BACKUP、BLOCK、BYTE、CODE、COLUMN 等字段很容易被用到。

（7）**字段类型。**表中如果涉及像 TEXT 这种类型的大字段，需建独立的表存储，因为大字段查询效率低，独立存储能提高查询效率。

（8）**备注说明。**库表的字段要添加备注说明，便于后期了解字段含义，尤其当库中的表超过百张以上，有很多表是别人建的，时间一长很难知道每个字段的含义。

（9）**二进制数据。**表中不允许存储文件、图片等二进制数据，文件或图片占用空间较大也不利于检索，文件相关的二进制数据应存储到文件服务器。

（10）**默认字段。**每张表默认带 created、updated 字段，分别记录插入时间和更新时间。

（11）**主键类型。**每张表必须有主键，主键采用自增 ID 类型，不建议用 UUID 值做主键，因为 UUID 值做主键占用存储空间大，大表中操作的性能也低于自增 ID。

（12）**索引数量。**表的索引数量要适宜，因为索引过多会占用磁盘空间，一般来讲单表索引不要超过 5 个，索引应建在查询频次高、取值范围广的属性上。

（13）**字段和数据。**每个实例中表的数量和表中字段的数量不宜太多，可以根据服务器配置评估，单表数据量上限在 500 万行以内，以保障库表操作效率，数据较大时可使用分库分表来解决。

（14）**默认值。**表中不允许有空的列，建表时空列须设置默认值，以减少程序出错风险。

（15）**简短语句**。SQL 语句要简短，避免使用复杂嵌套的 SQL 语句，尽可能减少 SQL 操作时间。

（16）**指定列名**。对于“SELECT”和“INSERT”这样的关键字开头的语句，要指定列名，这样可以减少 CPU、内存、I/O 和带宽的消耗，同时避免程序改动时出错。

（17）**隐式转换**。避免在 WHERE 查询条件中对字段进行各种转换，因为这样会导致索引失效，降低查询效率。

（18）**联合查询**。禁止大表之间使用联合查询，这对数据库性能影响较大，建议通过程序执行多个单表。

（19）**分页规则**。对于大表的分页查询，采用 ID 作为分页判断条件，用 LIMIT 分页，随着页码增大，查询效率会低下。

（20）**减少扫描**。查询结果只有一条记录时，需要加 limit 1，这样会减少对表的额外扫描。

8.7.2 操作规范

除了库表的设计规范和 SQL 书写规范，数据库的操作规范也很重要，完善的操作规范可以减少事故的发生，具体的操作规范如下：

（1）所有技术人员不能接触生产环境数据库，对于必要的数据库操作，技术人员提供 SQL 语句和操作失败的回滚方案，由运维人员执行。

（2）对于重要的业务数据，要采取加密措施，保障数据存储和传输的安全性。

（3）数据库要采用复杂的密码，复杂密码由数字、字母、字符和下划线混合而成，长度要大于 14 位。

（4）数据库要有备份机制，包括增量备份和全量备份。

（5）对于大批量的数据操作或核心表结构的更改，需在用户访问较少的时段进行。

（6）禁止使用超级管理员权限操作数据库，以避免误操作造成的损失。

（7）每日自动收集慢查询日志，持续优化性能。

（8）对于生产环境数据库禁止开通对外访问权限。

（9）避免大的事务操作，包括改大表字段、新增大表索引，这样会导致长时间锁表。

（10）插入大批量数据时需要分批操作，以减少数据库因资源过度消耗导致的性能问题。

8.8　产品需求登记规范

有一份合格的产品需求登记规范对团队是非常重要的，因为只有对需求进行规范登记并深入分析，才有可能设计出合格的产品，那么什么是一份好的产品需求登记规范呢？具体如图 8-5 所示。

需求编号：	需求名称：
登记人：	登记时间：
提出者：	提出时间：
开发负责人：	产品负责人：
难易程度：□ 非常难 □ 难 □ 一般 □ 容易	上线时间：
上线时间：	配合部门：□ 销售 □ 运营 □ 研发 □ 其他
所属项目：	所属模块：
需求分类： □ 新需求 □ 问题修复 □ 功能迭代 □ 建议 □ 优化	当前状态： □ 调研中 □ 暂停 □ 驳回 □ 开发中 □ 已上线 □ 完成
需求来源：□ 业务需求 □ 数据分析 □ 竞品调研 □ 业务现场 □ 老板需求	需求方联系方式：
应用场景：	
需求描述：	
背景与目标：	
需求优先级：□ P1　□ P2　□ P3	
衍生需求：	
关联信息：	
竞品资料：	
备注：	

图 8-5　产品需求登记规范

8.9 需求评审纪要规范

需求评审会议中难免要对需求进行讨论，但不一定都能达成共识，所以需要对评审中待确定内容及时记录，便于会后追溯问题，跟踪进度。具体的需求评审纪要规范如图 8-6 所示。

需求编号：	需求名称：	评审结果：□ 通过 □ 未通过	文档是否提前发放：□ 是 □ 否
评审时间：	评审地点：	讲解人：	职位：
记录人：	职位：	主持人：	职位：
应到人数：	实到人数：	迟到人数：	评审时长：
参会人员：			
缺席人员及原因：			
评审主题：			
评审内容： 需求 1 需求 2			
确认通过事项： 事项 1 事项 2 事项 3			
异议及跟进事项：			

事项	负责人	执行人	截止时间	状态	备注
事项 1					
事项 2					
事项 3					

图 8-6 需求评审纪要规范

8.10 技术设计规范

工程师经过深入地需求分析，将需求转化为技术方案，为了能讲清楚方案，以便参与评审的人员更清晰地理解设计初衷，可以先讲解方案的需求背景，接着讲解方案的整体架构、执行用例、操作流程和库表的设计，涉及详细技术设计的部分包括技术架构图、用例图、流程图、数据库设计，具体设计规范如下：

8.10.1 技术架构图

通过技术架构图能清晰看懂系统的功能和技术实现方式。图是一种很好的信息载体，是技术人员交流的重要媒介，能帮助技术人员在需求沟通中减少歧义，达成共识。技术架构图就像整个工程的承重墙，而到编码阶段只是垒砖，所以架构的搭建是保证系统高可用、高性能和高扩展的前提，技术架构图如图 8-7 所示。

图 8-7 技术架构图

8.10.2 用例图

用例图主要用来描述用户和系统之间的边界关系和操作流程，用例图在开发中应用较广，可用于需求理解、流程梳理和用例编写指导，方案中的用例图如图 8-8 所示。

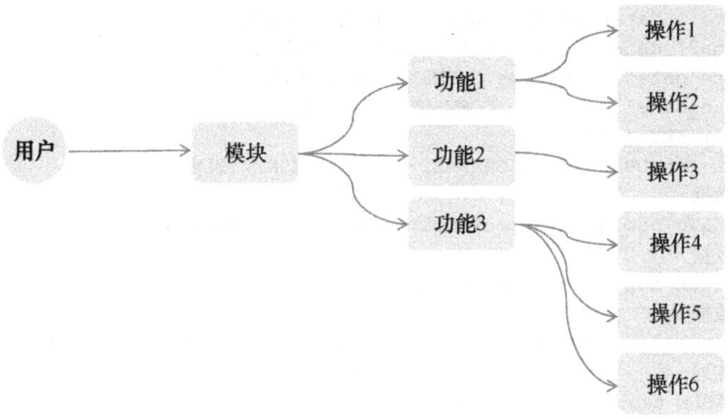

图 8-8　用例图

8.10.3 流程图

任何业务功能和需求的开发都是有流程的，技术方案设计时要考虑流程的执行步骤，流程图主要用于展现系统某一过程的操作步骤，可以更直观地展现一系列操作的前后依赖关系和逻辑，流程图在技术方案中是必不可少的，流程图结构如图 8-9 所示。

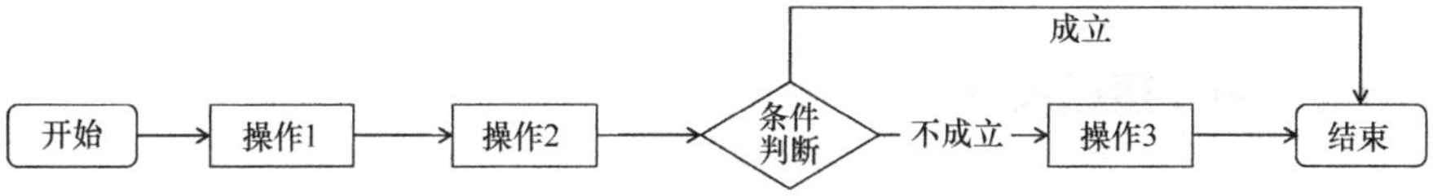

图 8-9　流程图

8.10.4 数据库设计

讲解完需求背景、整体架构、执行用例和操作流程，最后一环涉及数据库表的设计。设计数据库表时，可先绘制出 E-R 图，根据 E-R 图生成表的语句，同时当业务发生变更或需求叠加时需要对表结构进行更改，具体数据库设计如代码清单 8-1 所示。

代码清单 8-1　数据库设计

```
// 新建表
CREATE TABLE table_name(
  'id' int(11) NOT NULL AUTO_INCREMENT COMMENT '主键id',
```

```
  'column1' datatype NOT NULL  COMMENT '列名',
  'column2' datatype NOT NULL COMMENT '列名',
  'create_date'  datatype COMMENT '创建时间',
  'update_date' datatype COMMENT '修改时间',
  PRIMARY KEY ('id')
) ENGINE=InnoDB DEFAULT CHARSET=utf8 COMMENT='表名';
// 添加数据
INSERT INTO table_name (column1,column2,...) values (?,?,...);
// 删除数据
delete from table_name [where condition];
// 修改数据
update table_name set column1 = value[,column2 = value2] [where condition];
// 表添加列
ALTER TABLE table_name ADD column_name col type [default|NOT NULL/NULL|...]
 COMMENT '列的描述';
// 删除列
ALTER TABLE table_name drop COLUMN column_name;
// 修改字段类型
alter table table_name modify column_name new_col_type;
// 重命名列
ALTER TABLE table_name CHANGE column_name new_column_name  col_type
[default|NOT NULL/NULL|…] COMMENT '列的描述';
// 添加索引
ALTER TABLE table_name ADD [PRIMARY KEY|UNIQUE|INDEX index_name|FULLTEXT
] column_name;
// 添加联合唯一索引
ALTER TABLE table_name ADD UNIQUE INDEX index_name (column1,column,2...);
// 删除索引
ALTER TABLE table_name DROP INDEX index_name;
```

8.10.5 API 接口设计

API 接口规范要遵循 REST 风格，REST 风格可以让代码更简洁，对于增、删、改、查，分别使用 POST、DELETE、PUT 和 GET 这 4 种请求方式，具体如表 8-7 所示。

表 8-7　常用的请求类型

请求类型	请求地址	说明
GET	/v1/department	查询所有部门信息
POST	/v1/department	新增一个部门
PUT	/v1/department/id	更新指定部门信息
DELETE	/v1/department/id	删除指定部门

完整的接口书写规范如表 8-8 所示。

表 8-8 接口案例

请求地址	请求方式	请求类型	参数			返回值
			参数	类型	说明	

income/add	POST	application/x-www-form-urlencoded	userId	int		{
						“code” :0,
						“msg”:“success”
						}

			departId	int	部门 Id	
			isLeader	int	是不是部门主管	

8.11 VPN 使用规范

每一个企业都会有一些隐私数据不能放到外网被随意访问，这时企业就需要搭建一套 VPN，来限制访问用户的权限，确保只有通过内网才能访问特定的程序和数据，外网环境通过 VPN 的形式远程接入内网，再进行特定数据的访问。

虽然 VPN 解决了访问限制的问题，但是如果技术人员不严格按照规范进行操作，会给内网环境造成很高的危险，所以对 VPN 的使用要有规范进行约束，对于 VPN 的操作规范要求如下。

（1）**账号开通**。要开通账号需先填写申请单，部门负责人审核通过后，由运维人员开通。

（2）**禁止外借**。VPN 账号需要实名登记，仅限本人单独使用，禁止将账号转借给他人使用。

（3）**网络安全**。每次使用 VPN 要确保网络安全，避免被别人窃取账号，导致信息泄露。

（4）**定期改密**。VPN 的密码要设置 15 位以上字符，并要定期修改，以确保密码的安全性。

（5）**即用即连**。VPN 一般为异地工作时才建立连接，为了较少网络开销，不使用时需断开连接。

（6）**手动延期**。VPN 的账号密码有效期为 1 个月，到期后由运维人员手动续期。

（7）**操作限制**。开通的 VPN 账号要考虑使用权限，确保不同用户访问下的数据安全。

（8）**统一操作**。运维人员统一对 VPN 操作，包括开通、关闭、续期、监控等操作。

（9）**及时关闭**。员工变动时，运维人员要及时调整账号权限或清理账号。

8.12 小结

- 清晰的 bug 描述可以减少不必要的沟通，bug 描述内容包括标题、描述、紧急度、状态 4 个部分。
- 新人培养计划设定的周期一般为 4 周，主管可根据岗位灵活设定培训内容。
- 上线确认单是运维人员上线部署的操作依据，上线确认单要尽量详细。
- Git 流程中最主要分支有 master、release、develop、feature、hotfix，分支的切换需按照流程严格执行。
- 采用“项目名-访问端”统一 Git 仓库中项目的名称，采用“访问端.项目名.域名”来作为域名的命名规范。
- 一份技术设计规范包括技术架构图、用例图、流程图、数据库设计和 API 接口设计。

结语

随着年龄渐长，技术人员的焦虑不安与日俱增，转型管理岗已成为一个大趋势。转型中虽有焦虑，但也会带来新的机会，由此带来的问题是，能否快速学会团队管理的方法和技巧，顺利度过这个“难熬的冬天”。

本书从带人、做事和建体系 3 个维度梳理了技术团队管理者与团队之间的行为和关系，我们从团队建设开始，讲到人才管理、文化塑造、项目管理、效率管理、绩效管理、流程建设和规范管理。拆解完这几个部分你会觉得团队管理并不难。

带人要站在团队立场思考问题，有度量，做团队的伙伴，成就团队伙伴。做事要有原则，讲效率，把控细节，过程公开透明，通过敏捷高效的组织形式和流程规范做到职责共享，为结果负责。这样技术团队管理者才能赢得团队的信任，才能带领更多的人。

其实“带人”“做事”“建体系”是每个技术团队管理者必须要学会的 3 项能力，这 3 项能力也是有递进关系的，“带人”是比较基础的部分，“做事”是中级管理者花时间比较多的地方，而“建体系”则属于管理的内核。

团队管理说到底还是要“建体系”，“带人”和“做事”都是建体系时要考虑的部分，体系建好了，人才能用好，事情才能做成，才会有结果。刚转型的技术团队管理者可以先从设定带人做事、设定规则入手慢慢建立起团队文化，由浅入深地对团队进行管理，如图 A-1 所示。

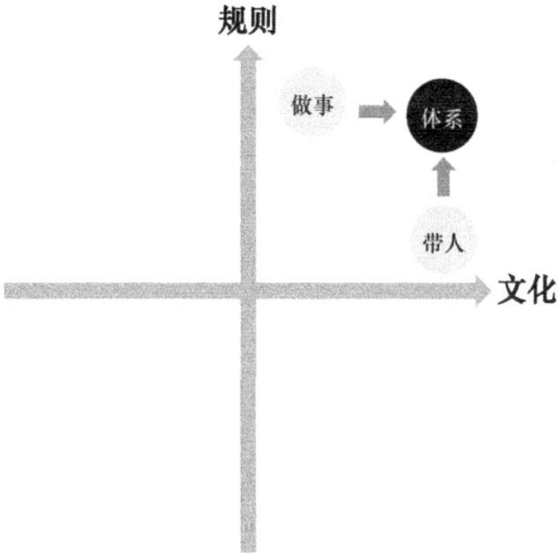

图 A-1　团队管理总架构

从规则到文化是自然形成的过程，基于这两点，我们可以感受到所有的文化都是有规则的，从规则出发才能提高团队协作效能，但做好这两点其实并不容易，建立规则需要技术团队管理者从团队的日常琐碎的工作中快速识别问题，并找到合理的改进方案，这需要有很强的洞察能力。而文化塑造就更不容易，除了要求有洞察力和感知能力，还要有识人和驭人的能力，但也不要气馁，技术团队管理者如果把本书的内容一点点应用到实践中，技术团队管理就会一点点清晰起来。

好了，本书就写到这里了，剩下的就只能靠技术团队管理者脚踏实地地践行了。

共勉。

后记

长久以来，一直有一个问题困扰着技术人——如何打破“程序员的 35 岁职业魔咒”。

这一天迟早会到来，或早或晚。

或许这一天会以这样的方式到来——一个平时不苟言笑且小你 5 岁的领导找你谈话，和颜悦色地说了一堆你过去的优秀表现，但你知道情况不妙。果然，今天他一反常态，绕了半天的圈子，就是为了把你炒掉。

想当初，你带着一腔热血投身软件行业时，每天编码全神贯注，几乎忘掉了整个世界的存在。有时为了赶进度，会工作到凌晨三四点，第二天依然可以精神抖擞地准点坐到工位前——就这样，你日复一日，在技术的世界里享受编码带来的满足感，一干就是十几年。

这十几年的技术积淀，让你成为公司里举足轻重的技术大佬，每次技术评审都是你炒别人，没想到这一天会降临到自己身上。这一刻你的世界万籁俱寂，不知何去何从。

长期沉浸在代码世界里，让你变得越来越内向，沉默寡言，不善与人交流。如果不写代码，你不知道转行还能做什么。

或许是你选错了行业，程序员薪水虽高，但光鲜的外表下，背后的苦衷只有你自己知道。三十多岁本该是一个人事业的黄金期，但技术变化日新月异，行业竞争异常残酷，对一个企业来说，永远有比你更年轻、劳动成本更低的人可以选择，这让你的中年危机提前到来。

其实，对一件坚持很久的事情做出改变并不容易，很多事情只有自己经历了，才能有深刻的体会。

2009年我还在创业，一天下午，在客户现场讲完精心准备的方案，正等待客户领导决策。

客户领导面带微笑地问："你是做技术的吧，感觉讲得怎么样？"

我点了点头。

客户领导看了一眼我的名片，说："海东，你真的不适合讲方案！"

虽然我年轻气盛，从不服输，但在那一刻，还是对自己充满了质疑。

回到公司，我告诉团队的伙伴在客户现场发生的尴尬的事情。我虽强颜欢笑，把这件事当成笑话与他们聊着，但心里其实充满了迷茫。我质疑自己除了写代码，还能干什么。我不知道团队下一步该怎么走。

后来团队面临资金紧缺，团队配置不合理，经营异常艰难。在濒临倒闭的边缘，我悟到一点——要想熬过寒冬、走出困境，必须发挥团队的力量。我逼着自己学习团队管理知识，最终帮助公司走出了困境，也取得了不错的业绩。

终于，在质疑与迷茫中，我还是挺了过来。

回想那时每天要面对很多客户，竭力推广自己的产品，每天都在自我否定与恐惧中度过，仿佛掉进了一个无底洞，日子看不到头。一路摸爬滚打的创业路上，回头看过去，虽伤痕累累，但刻骨铭心。

这一段不寻常的经历，让我认识到会带团队有多么重要，好团队真是能渡过一切难关。

很多技术人员觉得，管理的工作既琐碎事又多，利益斗争严重，整天要嘴皮子。我曾经也这样认为，但当接触到很多技术团队管理者时，我才发现自己的想法有多可笑。

当我还在为自己的团队能按时完成项目而感到满足时，同行的团队已经能明确目标，信息共享，及时进行角色互补——每个人都愿意献身其中，有归属感，比预期更高效地完成了任务。这都是系统性的工作，根本不是要要嘴皮子就行。

从管理客户到管理自己再到管理团队，这一路主要靠的是可以践行的方法和自己不断地练习，从中也让我明白了学习和做事情的逻辑。我多么希望能穿越到中学时代，把这一切用到那个不懂得使用方法、只知道埋头苦学的自己身上，但这已不可能了。现在我把这些方法写到书里，希望能帮到你。

理科男文字功底有限，写这本书时有好多的想法，却不能尽然表达出来，书中也难免有错误或不完整之处，恳请朋友们批评指正。